U0599350

顶级办公空间设计

OFFICE SPACE

● 本书编委会 编

中国林业出版社

图书在版编目（CIP）数据

顶级办公空间设计 / 《顶级办公空间设计》编委会编. -- 北京：中国林业出版社, 2014.6
（亚太名家设计系列）

ISBN 978-7-5038-7557-1

Ⅰ.①顶… Ⅱ.①顶… Ⅲ.①办公建筑－建筑设计－亚太地区－图集 Ⅳ.①TU243-64

中国版本图书馆CIP数据核字(2014)第133085号

本书编委会

◎ 编委会成员名单

选题策划：金堂奖出版中心
编写成员： 贾 刚   孔新民   梅剑平   王 超   刘 杰   孙 宇   李一茹
           姜 琳   赵天一   李成伟   王琳琳   王为伟   李金斤   王明明
           石 芳   王 博   徐 健   齐 碧   阮秋艳   王 野   刘 洋

中国林业出版社 · 建筑与家居出版中心
策　　划：纪 亮
责任编辑：李丝丝

出版：中国林业出版社
（100009 北京西城区德内大街刘海胡同 7 号）
http://lycb.forestry.gov.cn/
E-mail: cfphz@public.bta.net.cn
电话：(010) 8322 5283
发行：中国林业出版社
印刷：北京利丰雅高长城印刷有限公司
版次：2014年8月第1版
印次：2014年8月第1次
开本：230mm×300mm, 1/16
印张：9
字数：100千字
定价：188.00元

CONTENTS
目录

Office

广州国际金融中心	Guangzhou International Financial Center	•	002
中国光大银行上海分行外滩29号办公楼	China EverBright Bank Shanghai Branch	•	006
办公空间的光影魔术	Light and Shadow Magic of Office Space	•	012
ANNND 共和办公室	ANNND's Office	•	020
万科广场二期办公室	VANKE Plaza Office PhaseII	•	026
源代码	Source Code	•	032
深圳保发大厦劳伦斯珠宝写字楼	The Office of LJ International INC	•	038
中建东北局	North East China Regional HQ of CSCEC	•	046
善水堂 OFFICE	Sense Town Office	•	052
周子服饰办公大楼	CMG case – BabyMary Clothing Office Building	•	060
张奇峰室内设计工作室	Feng's Interior Design Office	•	066
211 矩阵设计	211 Matrix Design	•	072
西城原创音乐剧基地	Xicheng Original Musical Base	•	080
上海经纬 700	Shanghai Jingwei 700	•	086
王评设计公司办公楼	WANGPING DESIGN CO.LTD.OFFICE BUILDING	•	092
赫美拉（香港）国际美学集团办公室	HEMERA (HK) Intl. Aesthetics Group Office	•	098
浮尘设计工作室	Fuchen Design Studio	•	102
深圳中海投资管理有限公司	China Overseas Investment Company Office Building	•	110
堂术设计办公室	TUNGSHU Design Office	•	114
杭州白马湖农居变 SOHO	Hangzhou WhiteHorse Lake–Farmers House Into A Creative SOHO	•	118
甲骨文（中国）软件系统有限公司	Oracle (China) Software Systems Co.,Ltd. New Building	•	120
建祥装饰公司	JianXiang Decoration Company	•	122
广州仕其商贸有限公司	SamLee's Office	•	124
费尔的王子美好大舞台	Fiona's Prince HQ Office	•	126
丰田汽车（中国）－中海广场	Xicheng Original Musical Base	•	134
破土新生 – JZ NEW OFFICE	REBORN – JZ New Office	•	140

建筑读库

涵盖建筑、室内设计与装修、景观、园林、植物等类型电子读物的移动阅读平台。

功能特色：

1.标记批注——随看随记，用颜色标重点，写心得体会。

2.智能播放——书签、分享、自动记录上次观看位置；贴心阅读，同步周到。

3.随时下载——海量内容，安装后即可下载；随身携带，方便快捷。

4.音视频多媒体——有声有色，让读书立体起来，丰富起来！

在这里，建筑、景观、园林设计师们可以找到国内外最新、最热、最顶尖设计师的设计作品，上万个设计项目任您过目；业主们可以找到各式各样符合自己需求的设计风格，家装、庭院、花园，中式、欧式、混搭、田园……应有尽有；花草植物爱好者能了解到最具权威性的知识，欣赏、研究、栽培，全面剖析……海量阅读内容，丰富阅读体验，建筑读库一一满足您。

广州国际金融中心
Guangzhou
International Financial Center

中国光大银行上海分
行外滩29号办公楼
China EverBright Bank Shanghai
Branch (Bund No.29 Office Building)

办公空间的光影魔术
Light and Shadow
Magic of Office Space

ANNND共和办公室
ANNND's Office

万科广场二期办公室
VANKE Plaza Office PhaseII

源代码
Source Code

深圳保发大厦劳伦
斯珠宝写字楼
The Office of LJ International INC

中建东北局
North East China
Regional HQ of CSCEC

善水堂OFFICE
Sense Town Office

周子服饰办公大楼
CMG case - BabyMary
Clothing Office Building

张奇峰室内设计工作室
Feng's Interior Design Office

211矩阵设计
211 Matrix Design

破士新生-JZ NEW OFFICE
REBORN - JZ New Office

上海经纬700
Shanghai Jingwei 700

王评设计公司办公楼
WANGPING DESIGN
CO.LTD.OFFICE BUILDING

赫美拉(香港)国际
美学集团办公室
HEMERA (HK) Intl.
Aesthetics Group Office

浮生设计工作室
Fuchen Design Studio

深圳中海投资管理有限公司
China Overseas Investment
Company Office Building

堂术设计办公室
TUNGSHU Design Office

红鸟(天津)通用航空有限公司
Red Bird(Tianjin)
General Aviation Co.,Ltd.

参评机构名/设计师名：
广州市城市组设计有限公司/
CityGroup Design Co., LTD
简介：
CityGroup 城市组由一批具有国际理念的设计师精英于1999年在中国广州创立，是中国较早以系统管理的专业室内设计团队。现有员工超120人规模。业务涉及公共建筑类、总部办公类、酒店设计类、商业娱乐类、住宅地产类、品牌连锁类等。为客户提供室内设计、建筑方案、景观设计、配饰设计、灯光设计。从概念、方案、施工图、现场跟进等全过程设计服务。

经过十余年的发展，CityGroup 城市组已具备较强的综合设计实力以及先进的系统管理，尤其在设计质量与创意方面得到了社会上大型企业及设计团队的好评。承接了2010年上海世博会中国馆、广州亚运会开幕式场馆、广州国际金融中心等重大项目的室内设计工作，取得了显著的成绩。今后CityGroup 城市组将继续坚持自己的设计理想、与时俱进，为客户的发展及自身的品牌发展继续努力。

广州国际金融中心
Guangzhou International Financial Center

A 项目定位 Design Proposition
广州国际金融中心项目具备超前性，代表着城市的收展。

B 环境风格 Creativity & Aesthetics
在此城市组以 "越·迪化" 的理念来诠释项目的内涵。

C 空间布局 Space Planning
在建筑空间的设计上，城市组通过科学的手段实现一个人与人、人与建筑互动的空间媒介。

D 设计选材 Materials & Cost Effectiveness
新颖。

E 使用效果 Fidelity to Client
很好。

项目名称_广州国际金融中心
主案设计_潘向东
项目地点_广东广州市
项目面积_120000平方米
投资金额_20000万元

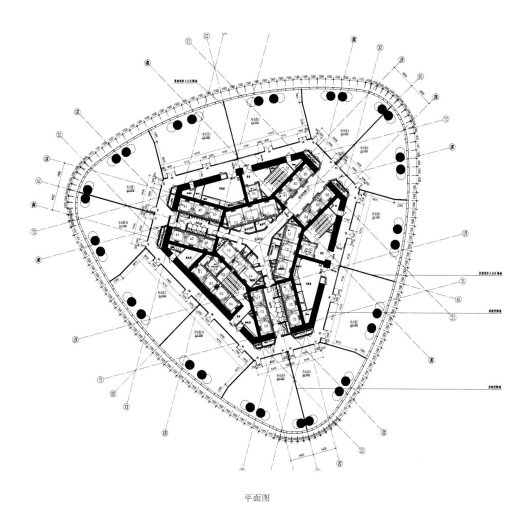

平面图

参评机构名/设计师名：
上海现代建筑装饰环境设计研究院有限公司/
Shanghai Xiandai Architectural Design
Research Institute Co. Ltd
简介：
上海现代建筑装饰环境设计研究院有限公司是
上海首家将环境设计冠于名前从事室内外环境
设计的专业化企业，公司以室内装饰设计、

环境景观设计、建筑与建筑改建设计为三大
主业，形成的"延伸服务"包括：图文渲染
设计、环境艺术设计(含软装饰设计及雕塑设
计)、标识设计、机电设计、装饰施工管理、
技术经济概算以及艺术灯光设计等"一体化"
专业服务。
公司坚持"以设计为先导，创意为竞争力，设
计成就和谐"为经营战略，力求与社会与市场

需求为己任，不断增强经营和设计的创新意识、责任意识、服务意
识，按照"诚信服务，团结进取，锐意创新，追求卓越"的16字方针
统领企业运营全过程，并将进一步聚集人才、强化服务、树立品牌，
不断开拓国内外两大设计市场，竭诚为广大客户提供原创、新颖、优
质的高品位设计与人性化服务！创意成就梦想，设计成就和谐！

中国光大银行上海分行外滩29号办公楼

China EverBright Bank Shanghai Branch (Bund No.29 Office Building)

A 项目定位 Design Proposition

中山东一路29号楼，曾名"东方大楼"或"汇理大楼"，1911-1914年建成，通和洋行（Atkinson & Dallas）设计，华商协盛营造厂施工，原为法国东方汇理银行办公楼，现为中国光大银行办公楼。

B 环境风格 Creativity & Aesthetics

大楼1989年被列为上海市第一批优秀历史建筑，并作为外滩建筑群的一份子于1996年11月被公布为全国重点文物保护单位。建筑及室内在其装饰风格上都带有明显的法国巴洛克艺术表现手法。

C 空间布局 Space Planning

大楼立面正中有两根贯通2、3层的爱奥尼克柱式抛光青岛花岗石圆柱，窗户中间和两侧装饰了多根塔司干式方形和圆形壁柱，有强烈的装饰作用；主立面中的第二层窗户运用帕拉蒂奥组合，并按巴洛克风格，作凸出墙面的处理；2层窗楣、阳台和顶部檐口处理均带有法国情调的巴洛克风格；外墙用工整的石块贴面并勾勒水平线条，显得匀称、典雅。1层营业大厅入口内外两侧饰有精美的巴洛克断檐山花柚木门套，大厅内有爱奥尼克式大理石柱廊和玻璃拱顶。室内木装修十分精致，窗套和壁炉，线条花饰十分工整。

D 设计选材 Materials & Cost Effectiveness

主入口开间略大于其他4个开间，并在出入口处加强视觉处理，用两根抛光青岛花岗石塔司干式柱子支撑额坊、檐壁和半圆形的拱壁，拱壁做成壁龛式，以衬托坐落在额坊上的巴洛克风格特有的波浪卷涡状山花。

E 使用效果 Fidelity to Client

其曲线流畅，比例匀称，是上海近代建筑中巴洛克建筑装饰的精品。

项目名称_中国光大银行上海分行外滩29号办公楼
主案设计_卢铭
参与设计师_吉江峰、任意立
项目地点_上海
项目面积_4925平方米
投资金额_3000万元

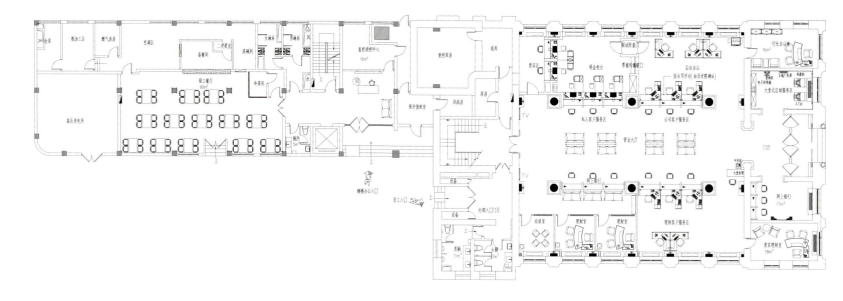

一层平面图

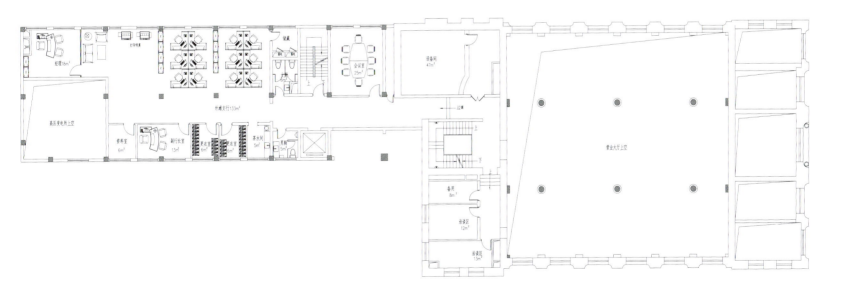

二层平面图

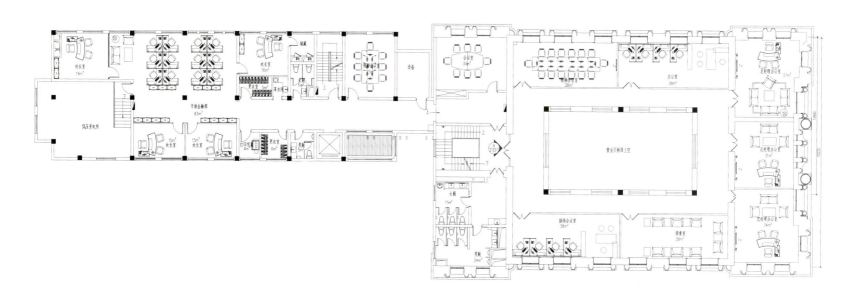

三层平面图

参评机构名/设计师名:
李川道 Donny
简介:
2011年度Idea-Tops国际空间设计大奖，艾特奖2010金指环，ic@ward金球室内设计大奖赛获最高级别奖项金奖，2010 IAI AWARDS亚太室内设计双年大奖赛杰出设计新人奖，2010 IAI AWARDS亚太室内设计双年大奖赛优秀餐饮空间设计大奖，金堂奖2010 China-Designer中国室内设计大赛优秀空间设计大奖，2010中国国际空间环境艺术设计大奖赛筑巢奖优秀工程类类奖，2010照明周刊杯中国照明应用设计大赛工程类二等奖，作品入选《2010年亚太室内双年展》、《2011年金堂奖年度优秀作品集》、作品刊登在《玩味食尚》、《时代空间》、《现代装饰》、《瑞丽家居》、《id+c室内设计与装修》、《中国顶级室内设计》。提倡"拒绝复制，创意无限，每件作品都应具有本身的设计独特性"名扬业内外，提出"以发散思维审视设计、以个性思维定位设计"的设计观赢得广大同行的认可与支持。

办公空间的光影魔术
Light and Shadow Magic of Office Space

A 项目定位 Design Proposition

在可以满足其功能的情况下超越功能本身，充分发挥想象把视觉和感官完美结合，让置身其中的人浑然忘我。

B 环境风格 Creativity & Aesthetics

以对其办公空间的改造为例，坚持以人为本的价值核心，光影呈现出教科书般的魔幻效果。

C 空间布局 Space Planning

充分运用镜面的映射效果，将空间得以复制，镜面的设置和材料的搭配使得空间的层次感更加丰富，制造出新奇的视觉感受。

D 设计选材 Materials & Cost Effectiveness

多功能室里桌椅、立柜、墙面皆采用天然材料。素材的原色木材线条简洁，加上浅灰色的地毯，这个制造创意的办公室带给人舒适柔软的感觉。

E 使用效果 Fidelity to Client

在现代化的装饰手法背后，整个办公空间弥漫着浓厚的人文气息。

项目名称_办公空间的光影魔术
主案设计_李川道
参与设计师_陈立惠、郑新峰、梁锦华、张海萍、杨英
项目地点_福建福州市
项目面积_300平方米
投资金额_120万元

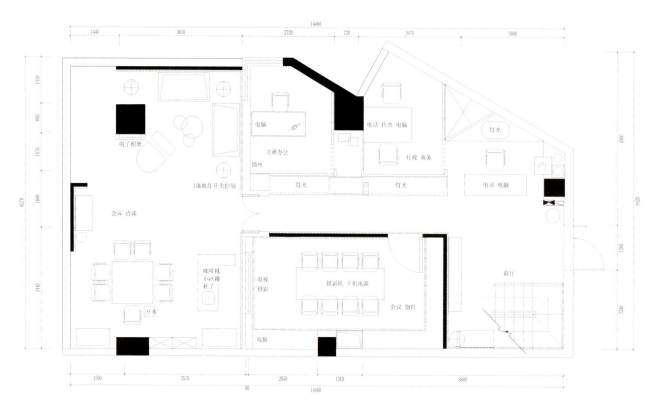

一层平面图

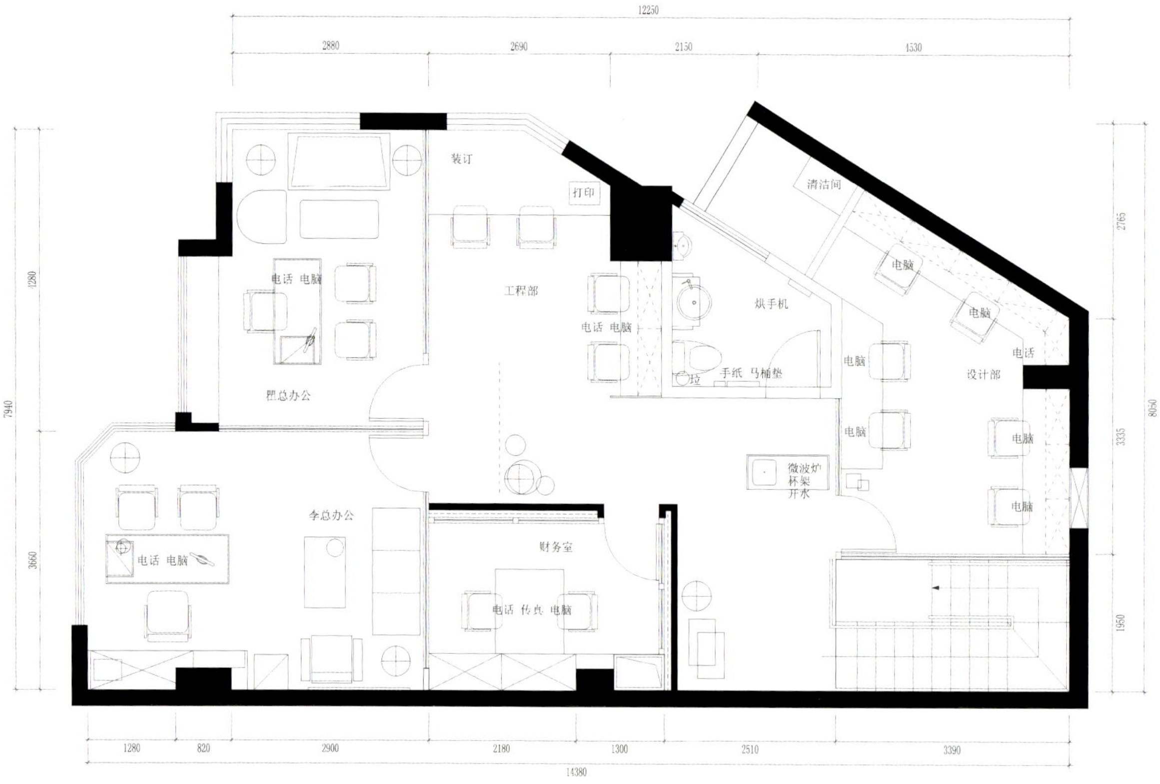
12250
2880
2690
2150
1530
装订
打印
清洁间
工程部
电话 电脑
烘手机
手纸 马桶垫
设计部
微波炉
杯架
开水
李总办公
财务室
电话 传真 电脑
1280
820
2900
2180
1300
2510
3390
14380

二层平面图

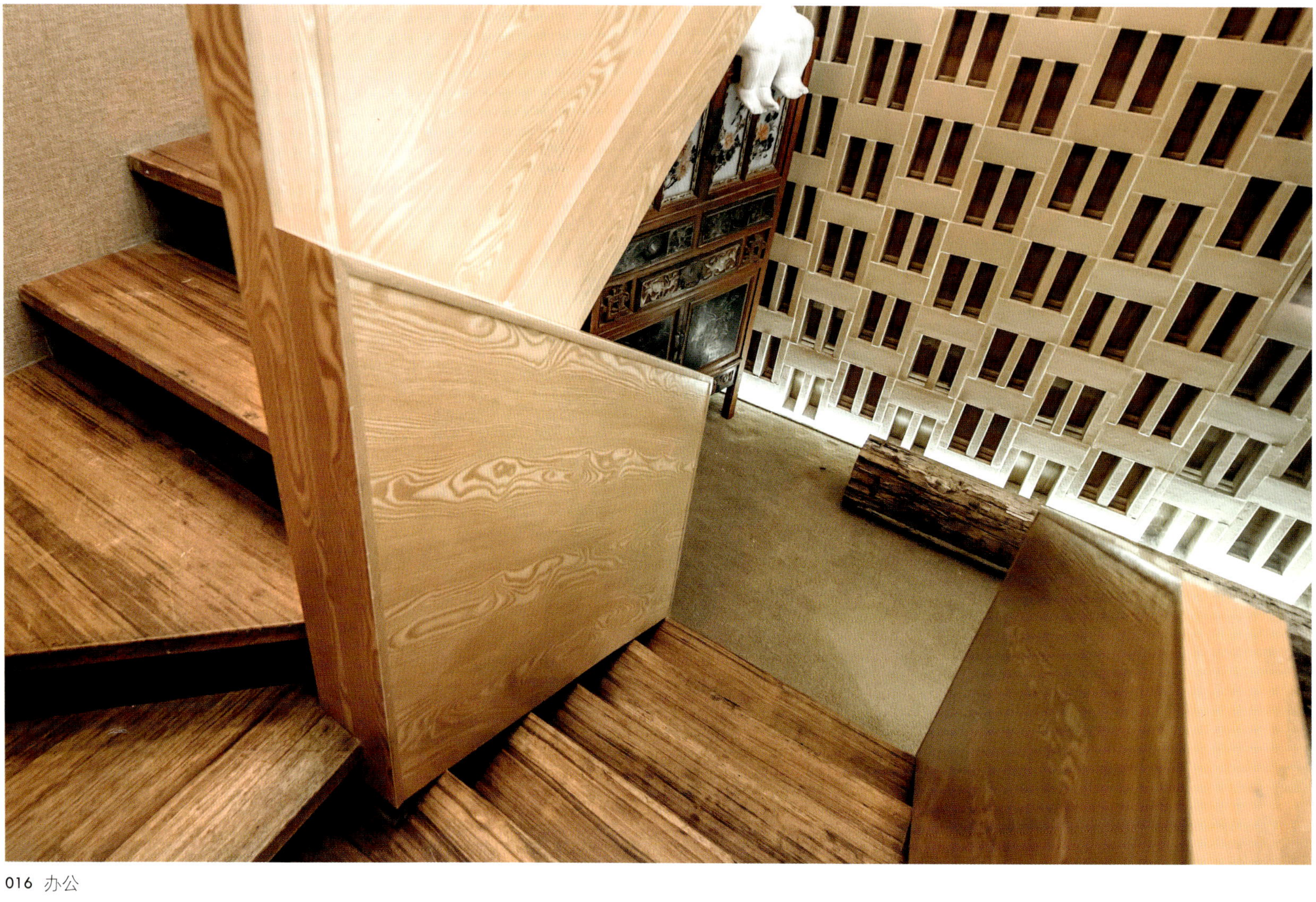

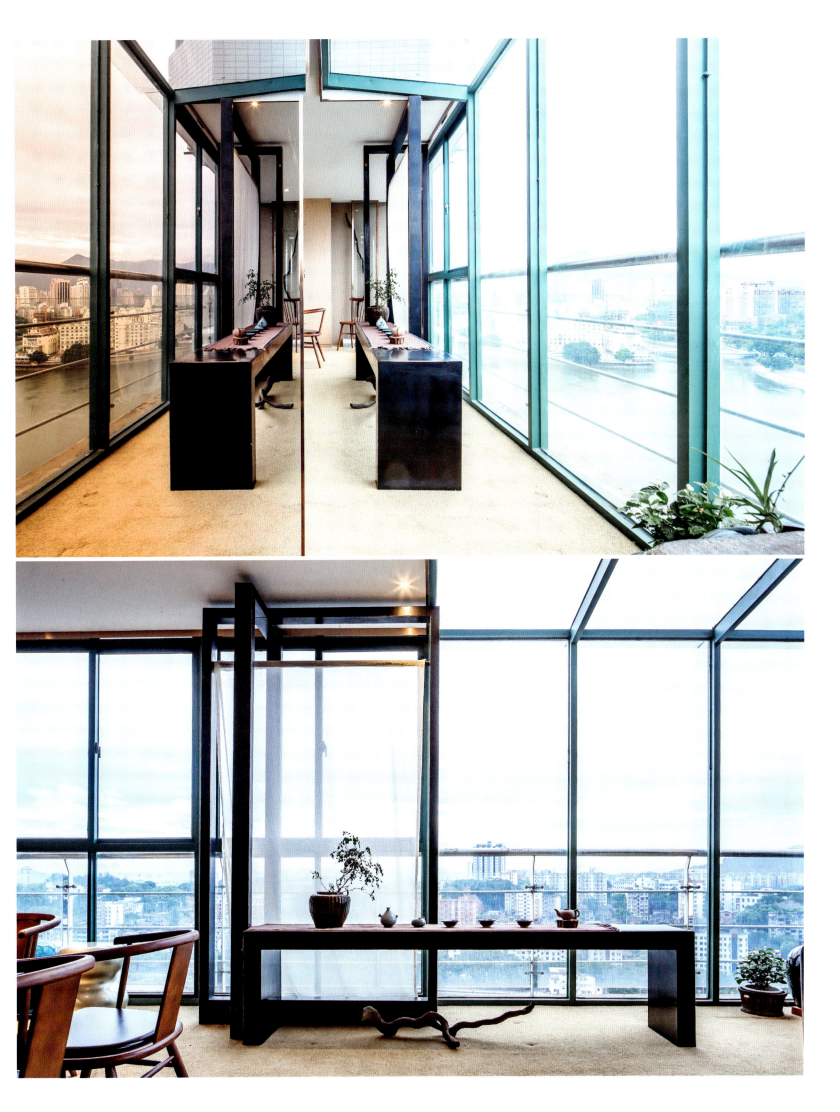

参评机构名/设计师名：
屈慧颖 Qu Huiying

简介：
重庆旋木室内设计有限公司设计总监，
注册高级室内建筑师，
CIID中国建筑学会室内设计分会第十九专委会理事，
CIID中国建筑学会室内设计分会会员，

IAI亚太建筑师与室内设计师联盟理事会员，
中国室内装饰协会会员，
四川美术学院特聘讲师。
所获奖项：
2013年CIID第二届中国陈设艺术作品邀请展"最佳视觉效果奖"，2012年金堂奖·2012 China-Designer 中国室内设计年度评选"年度十佳购物空间"，2012年北京设计周双年

展优秀奖，2011年中国（上海）国际建筑及室内设计节"金外滩"奖"最佳餐厨空间"优秀奖，2011年"金堂奖·2011 China-Designer中国室内设计年度评选餐厨空间优秀奖"。

ANNND共和办公室
ANNND's Office

A 项目定位 Design Proposition

ANNND共和是一个由跨界团队组成的品牌整合管理资源平台。所以，在设计之初，我们就决定从VI视觉形象系统提炼最能体现共和团队气质内涵的元素和概念，在空间设计中有效贯穿，让共和团队从VI到立体空间到团队属性能整体而富有感染力。

B 环境风格 Creativity & Aesthetics

VI与空间如果不能无缝连接，而成为两个独立的体系，就不能达到立体而统一的视觉识别性，无法体现共和团队特有的文化属性。我们本次设计中最有力度的传达是让VI与空间进行了无缝连接，使所有视觉信息形成包围圈，让受众无论接触到抽象的平面还是具象的立体空间，都穿梭于一个形象整体而富有感染力的环境当中，在不同的维度、不同的位置都听到属于共和的同一的声音。

C 空间布局 Space Planning

作品在空间布局上的设计创新点小空间的设计，赋予同一空间不同的可能是关键，在本次设计中，对空间的利用和再利用成为可能，酒吧、会议、培训和休闲空间的整合设计是亮点。

D 设计选材 Materials & Cost Effectiveness

在设计选材上力求质朴、经济和环保，乳胶漆、水泥、玻璃是我们大面积使用的材料，我们希望用平凡的材料创造出不平庸的效果。

E 使用效果 Fidelity to Client

受众无论接触到共和团队的抽象平面还是具象立体空间，都穿梭于一个形象整体而富有感染力的环境中。

项目名称_ANNND共和办公室
主案设计_屈慧颖
参与设计师_冉旭
项目地点_重庆
项目面积_280平方米
投资金额_30万元

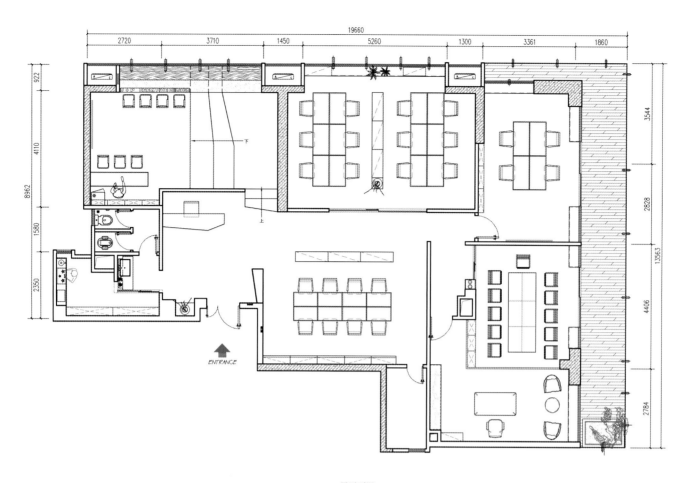

一层平面图

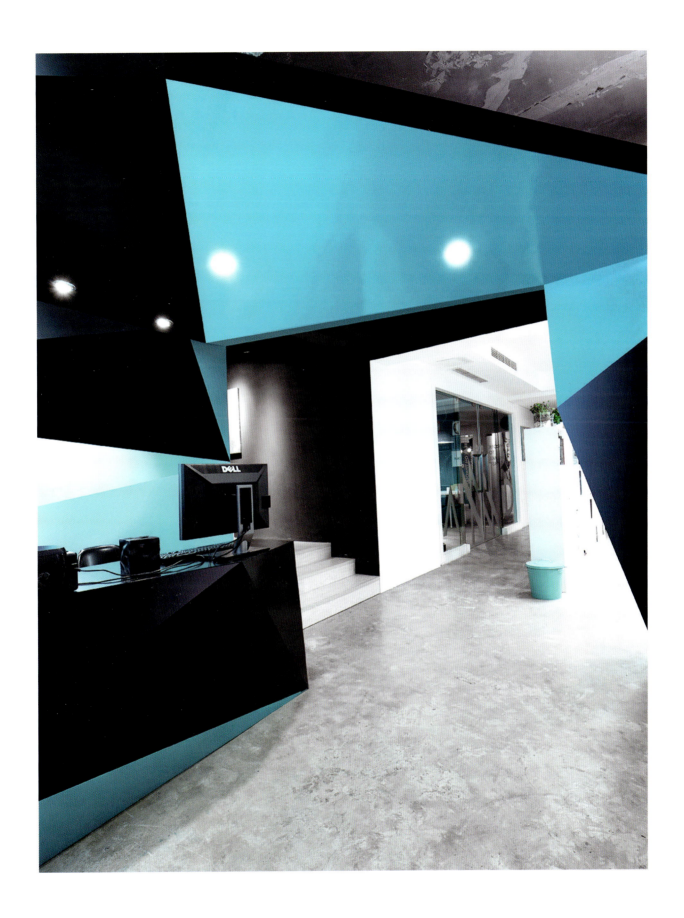

参评机构名／设计师名：
本则创意（柏舍励创专属机构）/BASIC
简介：
获第五届（2012）羊城精英设计新势力"年度精英设计团队"、第十五届中国室内设计大奖赛"2012年度最佳设计企业"、2012广州国际设计周推荐设计机构。
我们对设计的理解、信仰，以及使命的推崇源

自于"本则"二字，"本"者，本质也；而"则"者，法则、规律以及原则也。对于设计，其本质在于功能，有了功能，设计便有了内涵。
归根到底，设计是为人所用，有需求才有要求，法则也就客观地与其并存，凭着这份信念，我们倡导"以质为本，以本为则"的务实作风，从实际利益出发，提供优质的设计理

念，崇尚自然，注重本质，不断创新与提升，为社会创造更多精神与物质的财富。

万科广场二期办公室
VANKE Plaza Office PhaseII

A 项目定位 Design Proposition
作为客户的第一个办公类项目，处在市中心，期望以国际化的风格，稳重大气，使企业的精神文化在各个角度体现出来。

B 环境风格 Creativity & Aesthetics
以方正严谨简练的线条，表现出项目的力度感和效率感；洽谈区充满人文情感的自然气息，弥补了视觉中的刚硬冷峻；办公区尽在实用明快而流畅的格局中，陈设静雅而稳重。

C 空间布局 Space Planning
目标为金融类的企业办公空间，功能区域清晰而全面，科学的人性化，合理的空间布局，使企业的精神文化在各个角度体现出来。

D 设计选材 Materials & Cost Effectiveness
整体空间为暖色调，主要采用大理石、深色木皮和金属不锈钢玻璃，以现代的手法演绎大气的办公环境。

E 使用效果 Fidelity to Client
达到客户的预期效果，并且得到市场的接受，同时也受到同行的认可与表扬。

项目名称_万科广场二期办公室
主案设计_梁智德
项目地点_广东佛山市
项目面积_700平方米
投资金额_125万元

参评机构名/设计师名：
施旭东 Allen
简介：
唐玛（上海）国际设计首席设计师，
旭日东升设计顾问机构创办人，
国家注册高级室内建筑师IFI国际室内建筑设计师联盟，
资深会员CIID中国建筑学会室内设计分会理

事，
FJDC中国装饰协会福建设计师专委会会长，
YBC（中国）创业导师中国陈设艺术专委会理事，
所获奖项： 2012年荣获AndrewMartin安德鲁·马丁国际室内设计大奖，两项作品入选安德鲁·马丁国际室内设计大奖年鉴
蝉联两届IFI国际及CIID中国室内设计大赛金奖

2011亚洲室内设计竞赛公寓类金奖
蝉联两届China-Designer中国室内设计（金堂奖）年度十佳娱乐空间大奖、年度办公空间大奖

源代码
Source Code

A 项目定位 Design Proposition
唐玛国际办公空间组成元素与空间格局在物质与精神、活络与宁静之间进行着自由转换，中西方文化的交融也形成了独特的空间语言。创意的搭配与古朴的细节点缀吸引着人们的目光。

B 环境风格 Creativity & Aesthetics
美式、中式、现代，这三种风格的混搭让这个功能区域衍生出丰富的视觉体验，不同格调的物件让隐藏于都市人心中关于品质空间的愿景落到了实处。

C 空间布局 Space Planning
办公区域与前台区域之间通过透明玻璃来划分，既保证了局部私密性，也体现了办公空间的变化。开放式的公共办公区以黑白为主体色调，用随性的思维来丰富空间的内容。

D 设计选材 Materials & Cost Effectiveness
木格栅的形式装点，是纯粹的装饰片段，又是一种写意的情境演绎。由金刚板制成的墙面以展示收纳功能为主，格子以及光影的明暗不同，让这个墙体呈现出立体的视觉感受。平面与立面的构成在这个区域被潜移默化表达出来，阐述着当代的解构主义理念，真实、虚幻以及两者的结合。前台对面的墙面处，摆放着一个传统中式的柜体，黑色的大漆表面点缀着红色的朱砂，体现出骨子里的中国精神以当代的审美视觉表现东方的空间气质。

E 使用效果 Fidelity to Client
时而轻拂笔尖，时而顿挫有力。当人们在这走走停停的时候，视线的每一个落脚点都是值得回味的景致。

项目名称_源代码
主案设计_施旭东
参与设计师_洪斌、陈明晨、林民、王家飞、胡建国
项目地点_福建福州市
项目面积_700平方米
投资金额_80万元

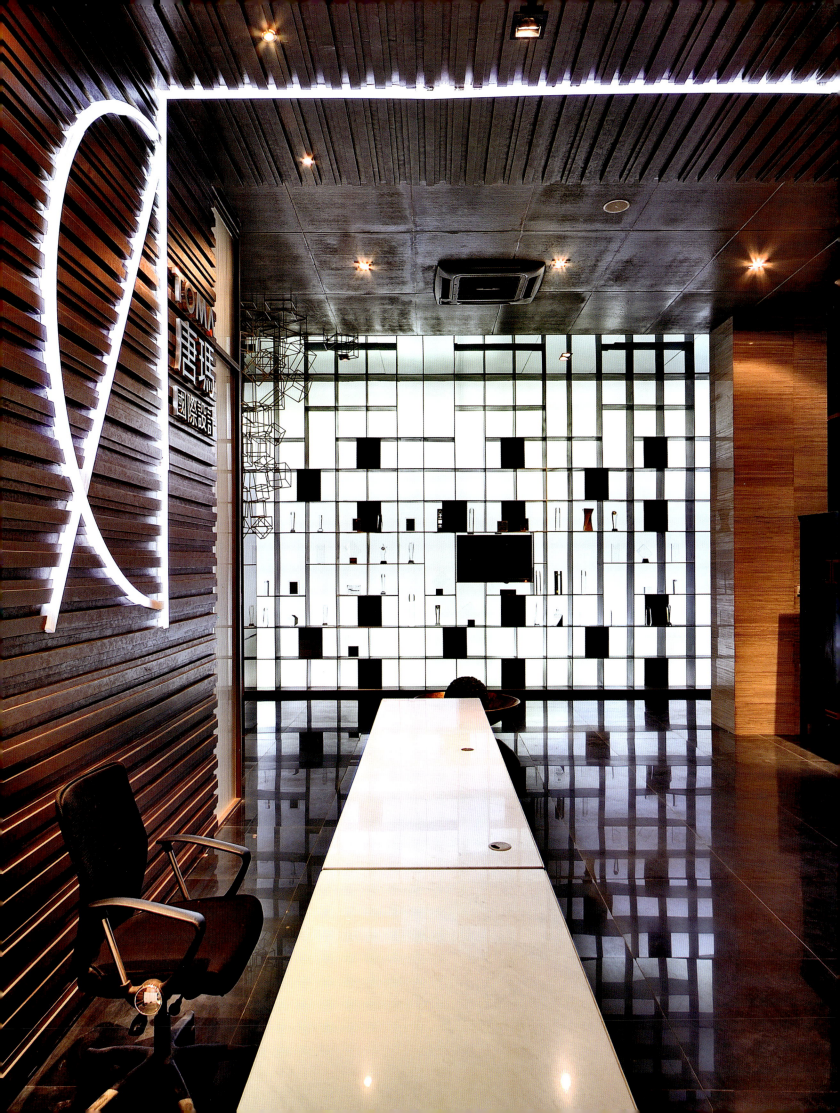

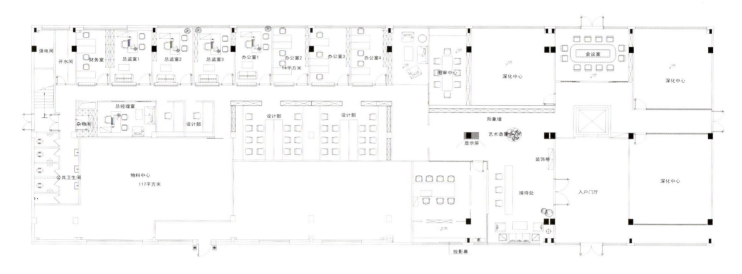

一层平面图

参评机构名/设计师名：
殷艳明 Yin Yanming

简介：
从业二十几年来一直从事国内大型项目的设计负责工作，先后访学于美国、日本、德国、意大利、法国、摩洛哥、新加坡、马来西亚、迪拜等国家和地区，所获奖项和荣誉达百余项。作品风格稳健而富于变化，擅长处理复杂而多

功能的大型空间，尤其在星级酒店、会所、样板房、办公楼、大型公共建筑及室内空间装饰设计上颇有心得，出版了《设计的日与夜》个人专辑与《城市商业街灯光环境设计》。所设计的项目多次在国内一级刊物发表，多篇学术文章及设计文稿发表于"南方都市报"、"深圳特区报"、"晶报"、"商报"。

深圳保发大厦劳伦斯珠宝写字楼
The Office of LJ International INC

A 项目定位 Design Proposition

本案是劳伦斯ENZO中国区总裁及高层办公室，内部分为接待、会议、展厅及十位高层管理办公区，预设为整个企业文化的重要展示场所。设计师从城市人文地理、企业特质和需求出发，拟定了"钻石熠熠"的基本设计概念，以钻石所寓意的"尊贵、时尚、品质、恒久"作为空间设计定位。

B 环境风格 Creativity & Aesthetics

对"钻石"元素进行拆分、变化、提炼，结合现代主义装饰手法诠释空间：入口接待台的背景墙、以及地面、天花采用了不同形式的线条分割，结合局部块面体积的造型，配合光线的运用，既突出主题，又形成了纵横交错的视觉冲击力；各元素在空间内上下呼应，让整体的空间气质连贯、延伸，表现出明快的节奏对比。空间色彩以白、灰、米黄色为主，局部搭配重色，具有主体明亮、大气的特点。饰品现代、时尚，深具艺术性，主席办公区一幅由钉子诠释的"现代山水画"体现了新与旧的交流、现代与历史的碰撞。

C 空间布局 Space Planning

把空间划分为开放的接待休息洽谈区、封闭的高层办公区两个部分，在每个空间之间都设置大小不一的休闲区域作为连接和过渡。这不仅形成了整体空间流线的流畅与开放，而且冲淡了工作可能带来的紧张，散发沉稳、舒缓、人文的气息。时间廊的设计给通道赋予了新的活力，同时成为企业文化的展示墙。

D 设计选材 Materials & Cost Effectiveness

设计选择以通体白色石材作背景，以寓意钻石的高雅；以指接木的自然拼接让现代与自然的理念进行了很好的衔接；以软膜在天花上的大量运用让空间明亮、开放，减少了因层高低矮造成的空间压迫感；石材、木饰面、金属、皮革等不同材质的混搭运用使空间丰富生动，彰显出设计的巧妙与魅力。

E 使用效果 Fidelity to Client

大胆夸张、时尚创新的风尚与沉稳内敛、韵致尊贵的气质并行不悖，淋漓尽致地体现了企业文化与设计思想的完美结合，业主对作品设计给出了高分评价。

项目名称_深圳保发大厦劳伦斯珠宝写字楼
主案设计_殷艳明
项目地点_广东深圳市
项目面积_1500平方米
投资金额_400万元

一层平面布置图

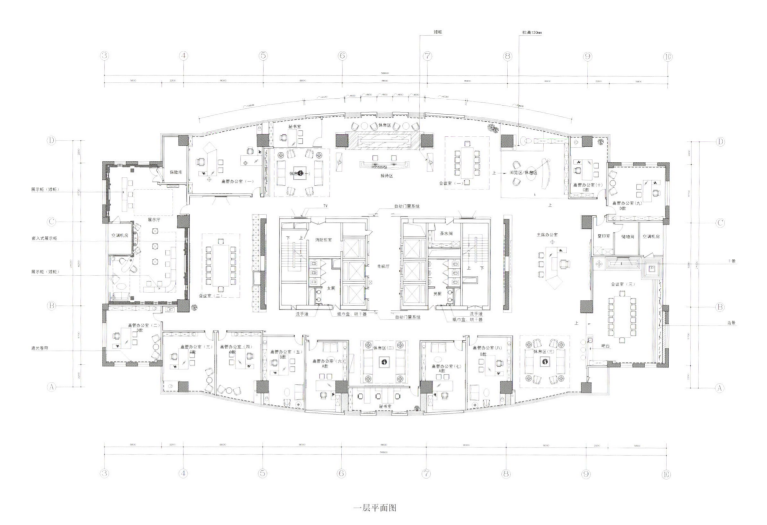

一层平面图

QINGTIANDESIGN
2007

参评机构名／设计师名：
北京青田国际环境艺术设计有限公司/
Beijing Qingtian International Environmental
Art Design Co., Ltd.
简介：
所获奖项：2012年金堂奖十佳。
成功案例：1. 中建东北局办公大楼；2. 中国
核能工程二三所办公大楼暨国际原子能培训中
心；3. 中国五矿总部大楼；4. 天津航天城；
5. 天津移动总部办公大楼；6. 国资委办公大
楼；7. 中组部办公大楼；8. 清华同方办公楼二
期；9. 西安开源购物中心；10. 晨曦百货新天
地、双井购物中心；11. 山西太原湖滨广场；
12. 上海长征医院、13. 天津武警医院附属医
院、14. 北京禄米仓三十四号院；15. 舒园别
墅等。

中建东北局
North East China Regional HQ of CSCEC

A 项目定位 Design Proposition

运用艺术为空间定调，通过三个层次进行艺术呈现：1. 前台采用雕塑造型展现中建建设的里程碑意义的地标性建筑；2. 主要动线布置了艺术家运用最普通建筑材料（钉子、钢丝和铁丝网等）创作的艺术装置；3. 会客厅与陈列室二合一，运用陶瓷的语言制作了中建作品的模型，运用重点照明来集中展现，运用有层次的艺术设计手法令空间表现充满内涵、企业文化与精神。

B 环境风格 Creativity & Aesthetics

与传统国企与政府机构不同，在空间上强调运用了现代办公空间的设计手法，强调大气、稳重、创新与品味；突出现代办公空间的设计趋势，强调智能化、人性化、绿色环保与互动性。

C 空间布局 Space Planning

1. 会客室、陈列室二合一，将两个空间合并，并运用重点照明的光的设计来衬托艺术华的中建集团参与建设的地标性力作，使得会客的过程不再枯燥、而传统的陈列空间也不再呆板；2. 平面布局采用了"回字形"，使得现代的办公空间中产生了维合的效果，而座位的布局更为巧妙与合理。

D 设计选材 Materials & Cost Effectiveness

1. 选择飞利浦灯具与西门子控制面板；2. 办公选择很有设计感的现代家具，这在国企中可谓独树一帜。

E 使用效果 Fidelity to Client

已正式入驻使用，得到了客户的高度赞扬；尤其是艺术呈现的立意得到一致认可；甲方又追加订单，采购并订制项目中运用的空间艺术装置与艺术作品作为公司的礼品赠送客户、合作方。

项目名称_中建东北局
主案设计_艾青
参与设计师_鞠千秋、向海明、张雪琪、唐婉书、李小溪、贾淑峰
项目地点_辽宁沈阳市
项目面积_4520平方米
投资金额_2000万元

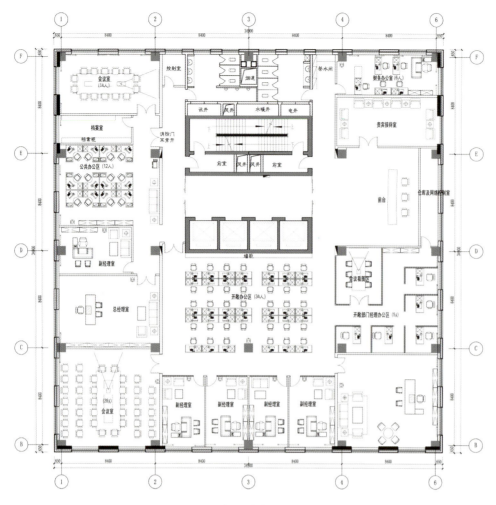

十一层平面图

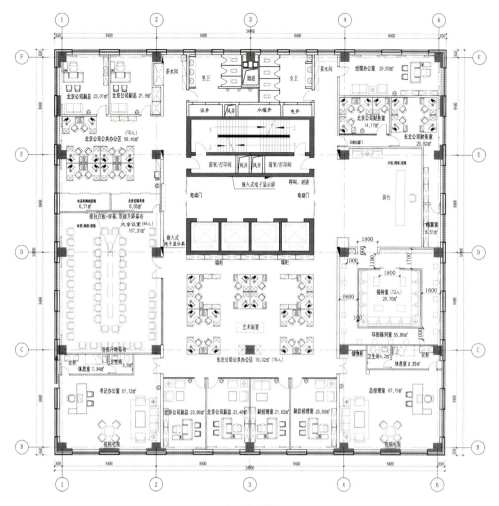

十二层平面图

参评机构名/设计师名:
朱伟 Welkin

简介:
朱伟（welkin chu），善水堂创意设计机构（Sense Town Creative Design Institution）董事，总设计师，高级室内建筑师，中国建筑设计集团--北京筑邦建筑装饰工程有限公司苏州分公司总经理，中国建筑协会室内设计分会会员，中国室内装饰协会高级室内设计师，国际注册室内设计师协会(IRIDA)高级国际注册室内设计师，IAI亚太设计师联盟理事会会员，IAI亚太设计师联盟资深室内设计师，IAU美国英特大学设计学硕士，德国包豪斯艺术学院访问学者，苏州工艺美术学会专业会员，苏州科技学院客座讲师。

近期荣誉：2012年第七届中国国际设计艺术博览会大奖2011-2012年度最具影响力设计师。2012年亚太设计师联盟先锋人物。
2010年中国国际空间环境艺术设计大赛"筑巢奖"优秀奖。2011中国国际空间环境艺术设计大赛"筑巢奖"优秀奖，2012中国国际空间环境艺术设计大赛"筑巢奖"优秀奖，2012年IAI AWARDS 2012 亚太设计双年奖年度商业空间优秀奖，2012年广州设计周金堂奖年度别墅空间、商业空间优秀奖，2013年"金创意奖"中国国际空间设计大奖十大精英设计奖、年度十佳设计奖……

善水堂OFFICE
Sense Town Office

A 项目定位 Design Proposition
陶渊明在《归去来兮辞》中，"木欣欣以向荣，泉涓涓而始流"，恰如其分地道出了本案设计之初的巧思：以水为题，以木为依，择善而为之——这就是善水堂设计的初衷和主题。以最纯粹和本质的手法，构筑经典，赋空间诗情画意，如山如水，取意于天地，回归于自然。

B 环境风格 Creativity & Aesthetics
现代风格为基调，以中式文化作为提炼，让办公环境优雅且富有诗情画意。光影交错，似时光无形手影抚过年轮，留下斑驳印记；又如潺潺流水迂回于星罗棋布的石阵之中，浑然天成之曲纹，巧夺天工。错落绿叶树影与山石水墨，返璞归真，尽显人文自然。

C 空间布局 Space Planning
空间的合理分配与空间的错落关系，利用空间的高度来划分楼层，让每层与每个角落的使用率最大化。

D 设计选材 Materials & Cost Effectiveness
木则历经风雨之飘摇，读尽寒霜酷暑，作舟载物，为柴暖人，尽显奉献之本质。在设计中巧妙将"水"的视觉语言抽象地抽离出水的实体，用不同的材质如入口的水纹木刻、地面的枯山水、斑驳墙面上的不锈钢鱼等通这些片段的视觉方式呈现出水的形态，凝固在空间里，挥洒出水的意象。

E 使用效果 Fidelity to Client
步入其中，其自然与优雅跃然眼前，这已成为该园区的代表性的文化创意企业，得到了各界人士的赞赏，这正是公司企业文化"上善若水，厚德载物"的真实写照。

项目名称_善水堂OFFICE
主案设计_朱伟
参与设计师_黄伟虎
项目地点_江苏苏州市
项目面积_450平方米
投资金额_60万元

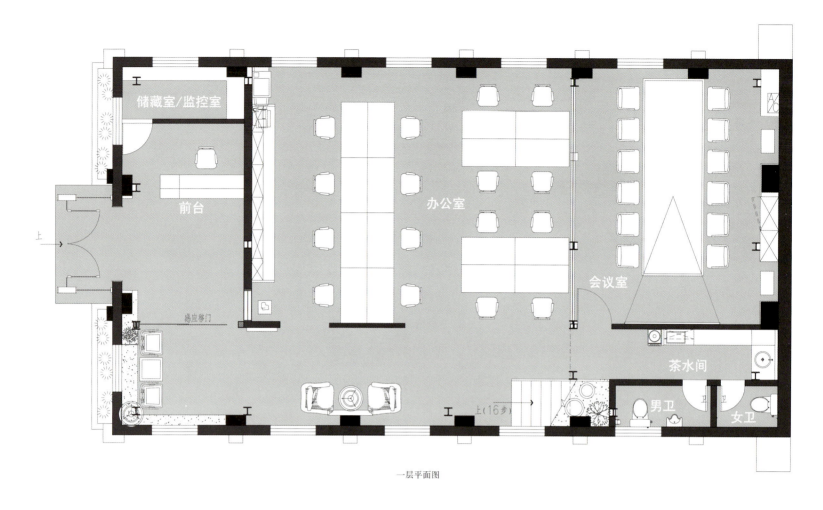

储藏室/监控室

前台

办公室

上

感应移门

会议室

茶水间

上(16步)

男卫

女卫

一层平面图

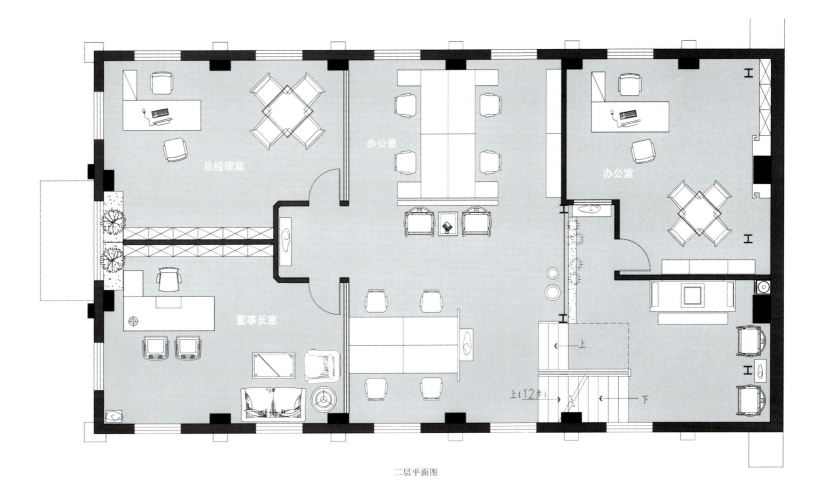

总经理室

办公室

办公室

董事长室

上(12步) 上 下

二层平面图

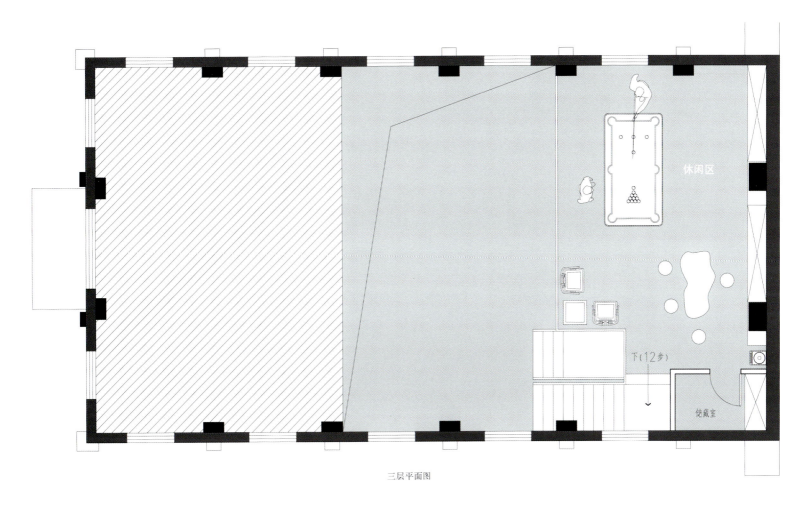

三层平面图

参评机构名／设计师名：
广州康联装饰设计有限公司/
Health Union Decoration & Design
简介：
"广州康联装饰设计有限公司"简称HUD
（Health Union Decoration & Design），
"康联装饰"创办于2000年，专业从事高端商
业办公环境策划的广州装修公司，专注于高端

办公室装修、写字楼装修装饰12多年，服务过
上千家知名的大中型企业，赢得了客户的一致
好评。

HUD 康联装饰
高端办公室装修领导者

周子服饰办公大楼
CMG case - BabyMary Clothing Office Building

A 项目定位 Design Proposition
异样的空间环境能打破相对城市形态的一致性，给到眼前一亮的色彩景观！

B 环境风格 Creativity & Aesthetics
简约与繁琐的碰撞，摩登与复古的交流，让空间风格呈现异样格调！

C 空间布局 Space Planning
异型的空间布局，及隔层的凸出和小屋顶的设计，使整个空间新颖，印象深刻！

D 设计选材 Materials & Cost Effectiveness
采用很普通的设计材料，重点用空间来展示办公环境的特异性！

E 使用效果 Fidelity to Client
对公司提升品牌起到了良好的效果，与公司的产品格调相一致，加强了公司品牌的提升！

项目名称_周子服饰办公大楼
主案设计_叶标星
参与设计师_危磊
项目地点_广东广州市
项目面积_1500平方米
投资金额_110万元

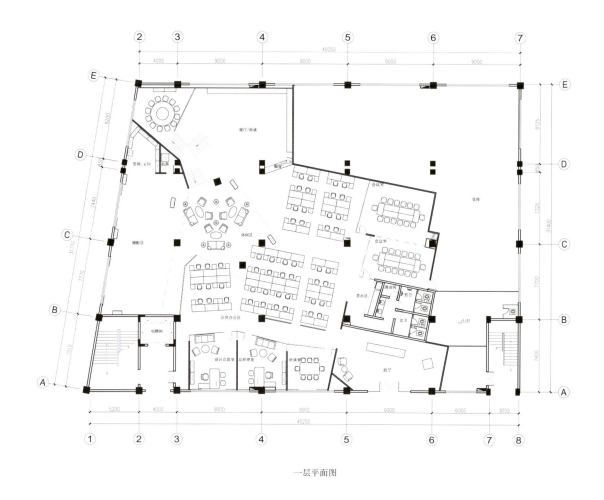

一层平面图

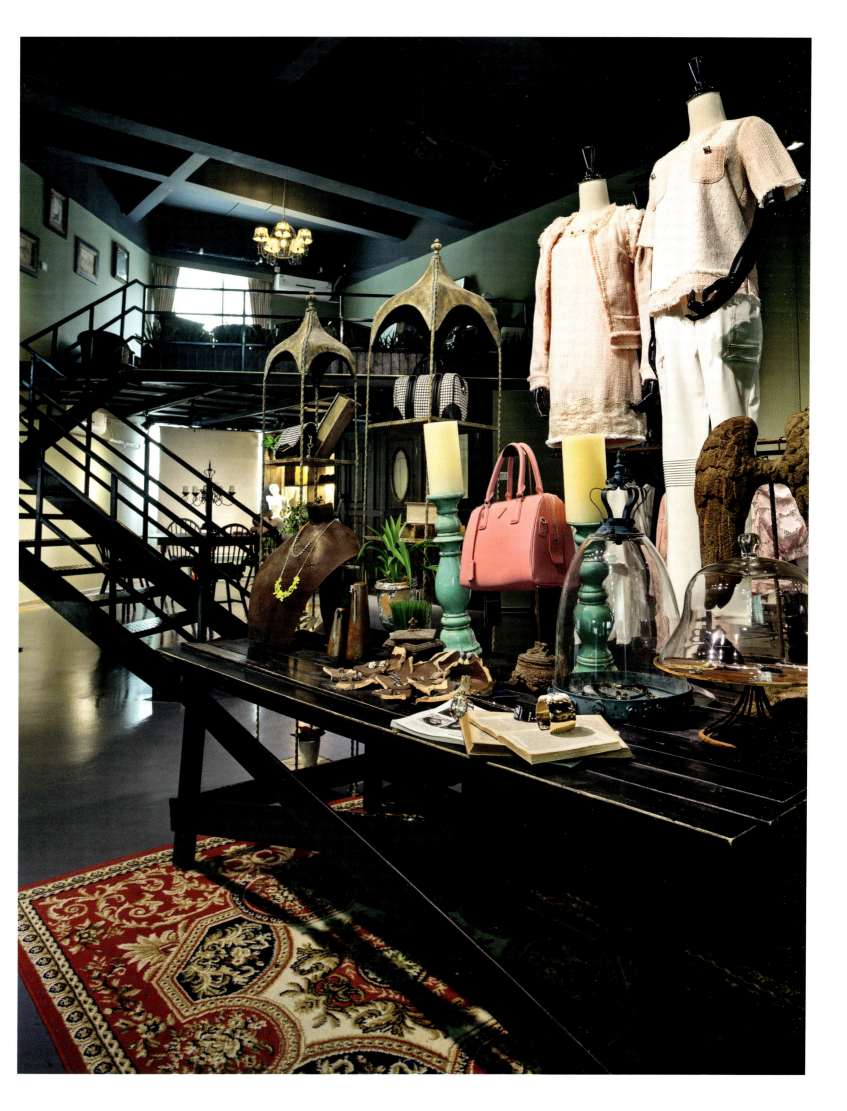

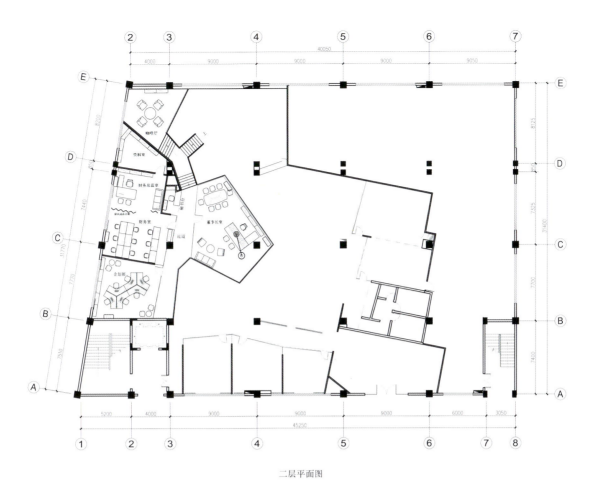

二层平面图

参评机构名/设计师名：
张奇峰 Zhang Qifeng
简介：
张奇峰室内设计工作室创意总监。
1998年-2003年中国广厦集团，
2003年-2009年北京业之峰装饰集团宁波分公司设计总监，
2009年-2011年北京东易日盛装饰集团宁波分

公司A6高级设计师，
2011年张奇峰室内设计工作室。

张奇峰室内设计工作室
Feng's Interior Design Office

A 项目定位 Design Proposition
本案的服务体系是个室内设计工作室，在这个崇尚豪华设计，过度装修的繁杂市场氛围中，希望本案是一个对设计有所感悟，启发的体验空间，能引导客户回到设计的原点。

B 环境风格 Creativity & Aesthetics
设计师以极简的设计理念和手法保留了空间的原始美感，并以整体的白色消弱空间本身的存在感，用空间等于背景的创意形式凸显人才是空间主角的概念。让人主导空间而非空间主导人。

C 空间布局 Space Planning
会客区临窗而设，游艇空间式的设计颇有趣味。临窗的位置提供了充足的自然光线，而分段式的立面设计即保持了一定的私密性，也保证内部人员可以随时观察外界的动态。这种隔而不断的设计，让局部和整体间形成了良好的呼应。办公室没有为每个员工准备独立的办公座位，而是提供了团队合作的空间，长桌趣椅，减法设计的理念之下，清爽的空间更适合激发项目团队无限的创意。

D 设计选材 Materials & Cost Effectiveness
直线的应用赋予了空间独特的秩序和韵律。门口的动线设计颇具秀场氛围，LOGO墙似投影却采用了完全相反的光学原理，这种类似中国传统皮影戏采用的透光效果在这里显得尤为现代，而入口通道则仿似T台，尽角的长条设计又自然地提升了视觉延展。私人办公室沿袭空间的整体基调，点缀黑白灰家具，佐以现代水墨意境印画，营造更为轻松和温馨的氛围，独特的90×180白色薄砖使地面也呈现独特的观感。

E 使用效果 Fidelity to Client
营造了一个极简，纯粹，轻松的创意空间。

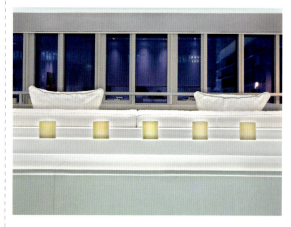

项目名称_张奇峰室内设计工作室
主案设计_张奇峰
项目地点_浙江宁波市
项目面积_250平方米
投资金额_50万元

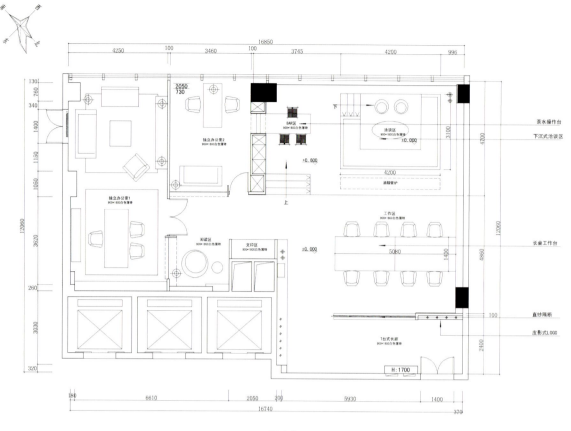

一层平面图

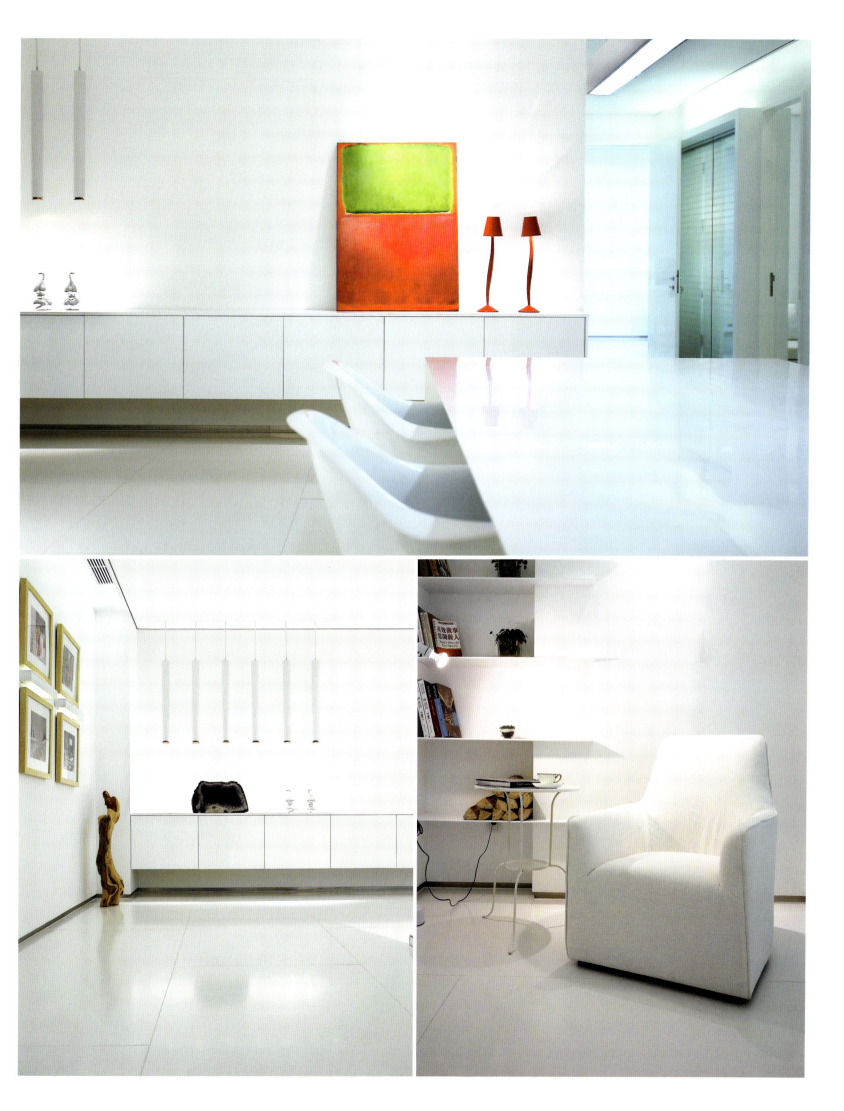

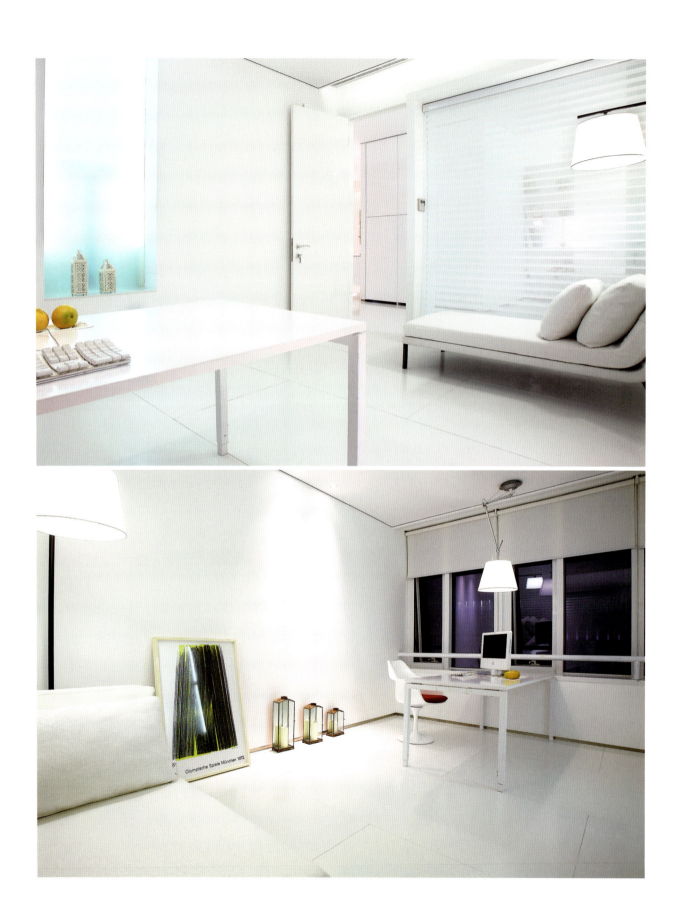

参评机构名/设计师名:
王践 Jason
简介:
宁波矩阵酒店设计有限公司联合创始人/董事总监,
王践设计与艺术研究中心总设计师,
宁波城市职业技术学院毕业生导师,
CIID中国建筑学会室内设计分会会员,

ICIAD国际室内建筑师与设计师理事会宁波地区理事,
宁波市建筑装饰行业协会设计委员会秘书长,
宁波精锐设计联盟常务副会长。

211矩阵设计
211 Matrix Design

A 项目定位 Design Proposition

设计公司的办公空间更应该强调独特的氛围,让办公空间不再呆板、单调,艺术与功能完美结合,创造出一个真正属于设计型企业的放飞思想、激荡头脑风暴的创作中心和学习交流平台。

B 环境风格 Creativity & Aesthetics

充分利用原有厂房建筑的空间感和尺度,着力还原建筑本身赋予的形式美感。追求简单、质朴、通透、灵动的空间感觉,讲究材质的对比以及空间符号的表达。

C 空间布局 Space Planning

东南侧采光及通风较好的区域用作密集型的办公区域,两侧的区域则成为图文阅览及绝佳的休闲放松区域。中部空间则打造出一巨大舞台。报告厅以一巨型的白色盒子形式悬浮于舞台之上。交流、学习乃至文娱活动都集中于此,用分、合、起、承、锁等最单纯的设计语言解构、重组空间。

D 设计选材 Materials & Cost Effectiveness

坚持低碳、节能、环保的概念,大量使用涂料、素水泥、清玻等最质朴、最真实的建材,两百平方米的大舞台则采用从海边直接运回的老船木铺设,使现代的、极简的空间中有岁月的痕迹和故事。舞台上方悬挂的石块装置艺术,让粗放与含蓄、真实与虚幻在这里得到和谐与升华。办公区域规划强调一种纪律与秩序感,穿插其间的水吧、休闲区域使得办公环境不再单调,疏密有致,劳逸结合。

E 使用效果 Fidelity to Client

置身于这样的办公空间,质感和尺度得到合理控制,节奏和韵律自然清晰,秩序与纪律、创造与思考都在这里融合交汇。带着激情和思想去创造,而不是背负压力和情绪在劳作,我们能更精准、更有效地表达我们的理念,创造更有高度的作品。

项目名称_211矩阵设计
主案设计_王践
参与设计师_陈品豪、项毅
项目地点_浙江宁波市
项目面积_2000平方米
投资金额_260万元

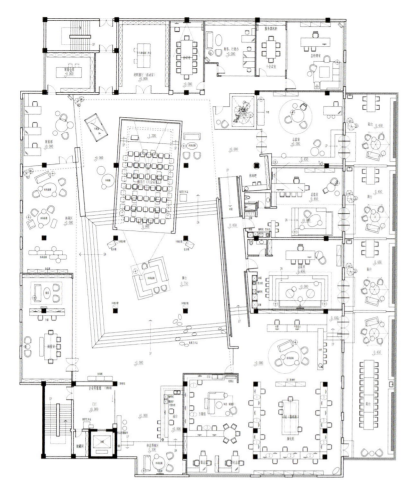

一层平面图

参评机构名/设计师名:
北京艾迪尔建筑装饰工程有限公司/
Ideal Design&Construction Co.,Ltd.
简介:
艾迪尔建筑装饰工程有限公司成立于1995年，擅长商务办公空间和商业地产空间的设计和工程营建，拥有建筑装饰设计与施工双壹级资质和大量荣誉及业绩。公司在北京和上海拥有专业技术人员一百二十余名，形成了高效务实、勤勉敬业的国际化团队。强集团和国内知名企业提供了完整专业的设计工程服务，业绩遍布国内大中城市，并获得广泛赞誉。近年来艾迪尔进一步开拓设计的全方位整体服务，从早期的规划建筑设计服务一直到后期的软装配饰服务，在整体设计和专项施工方面取得了辉煌的业绩，拥有了大量精彩案例。同时，公司在绿色设计方面颇具造诣，作品屡获国际国内各项大奖及美国环保认证。艾迪尔人始终秉承可持续的设计建造理念，我们从更高视角审视设计对人类生存环境的影响，并以发展的眼光服务于企业和社会。

西城原创音乐剧基地
Xicheng Original Musical Base

A 项目定位 Design Proposition
老建筑改造项目，包含了对老建筑历史的思考、新旧建筑协调性的考量及对主题性多义室内空间的探索。

B 环境风格 Creativity & Aesthetics
保留精美绝伦的钢木梁架，保留素美、磅礴的建筑外观；创造层次丰富的自然建筑、室内空间；用原生态的手法和材料还原娱乐精神和生活态度。

C 空间布局 Space Planning
南侧厂房作为办公场所，北侧厂房设置为剧场，两栋厂房中间加建一处新建筑作为共享支持空间。位于两栋旧厂房中间的新建筑，采用同厂房相同的尖顶造型，最高处高度一致。通过钢锈板材质的带状造型将两栋旧建筑连接起来，优雅对称而个性鲜明。作为整体建筑组合的核心，通过一处连桥穿过水面可进入室内，有一种静谧的仪式感。新建筑内部为一洁白的二层空间，分别连接办公室和剧场。可作为售票、等候、新剧发布和聚会等活动，独立而整体。

D 设计选材 Materials & Cost Effectiveness
南侧厂房的办公空间内，延续钢木结合梁架的形式和色彩搭建了二层空间，穿过斑驳红砖墙后的楼梯可上至二层。新开放的天窗引入了久违的阳光，阳光下入口前厅处种植了一棵巨大榕树，树荫下为三处纸板材料构筑的半开放洽谈空间，使用时可将半圆纸板滑动围合，保证一定的私密性。

E 使用效果 Fidelity to Client
借北侧厂房空间尺度，轻松设置了一处350人左右的小剧场，马道、排练厅、监控室、化妆间一应俱全。

项目名称_西城原创音乐剧基地
主案设计_罗劲
参与设计师_张晓亮
项目地点_北京
项目面积_2500平方米
投资金额_900万元

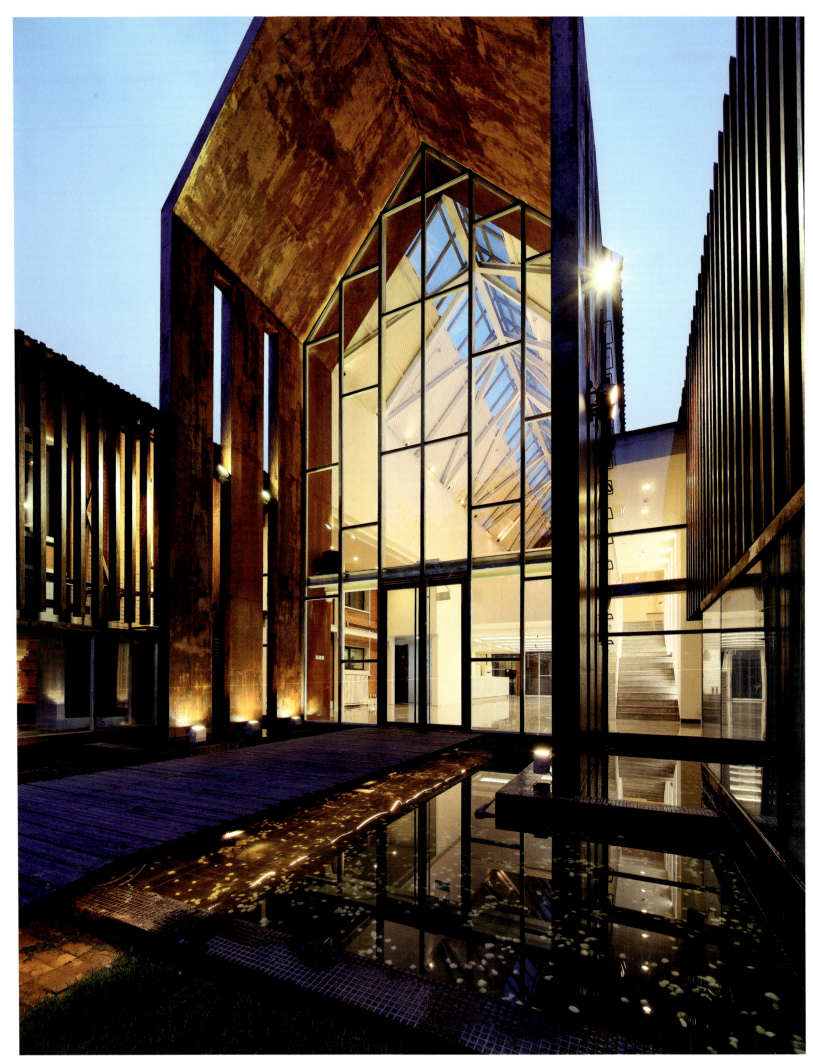

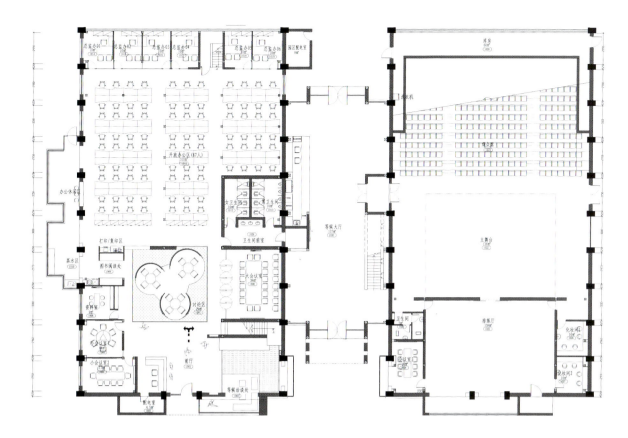

一层平面图

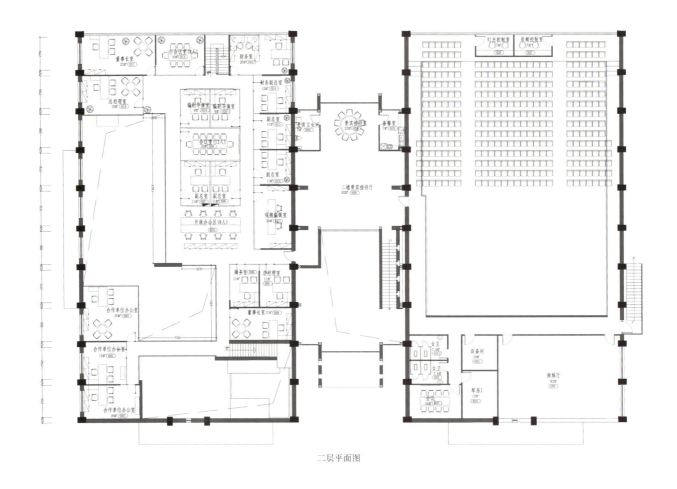

二层平面图

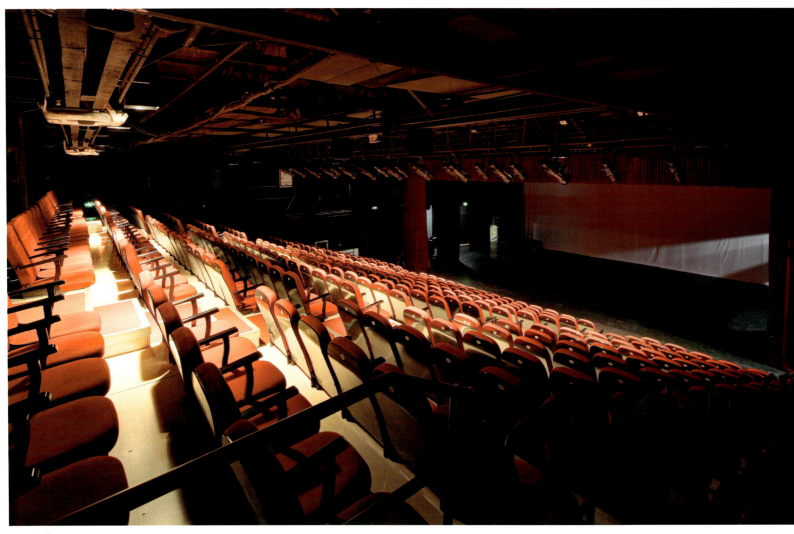

参评机构名/设计师名：
王传顺 Wang Chuanshun
简介：
同济大学建筑系建筑与室内设计专业专科毕业，华东师范大学艺术系本科毕业，学士学位复旦大学管理学院管理学硕士。
主要经历：华东建筑设计研究院室内设计所副所长、副主任建筑师上海华董建筑装饰工程有限公司副总经理、副总建筑师上海现代建筑设计（集团）有限公司上海现代建筑装饰环境设计研究院有限公司副院长。
现职：上海现代建筑设计（集团）有限公司上海现代建筑装饰环境设计研究院有限公司总建筑师，教授级高级建筑师、国家二级注册建筑师、国家一级注册建造师、全国资深室内建筑师全国、百名优秀室内建筑师、2004年中国室内设计师十大年度封面人物。

上海经纬700
Shanghai Jingwei 700

A 项目定位 Design Proposition

旧厂房通过设计改造涉外办公楼，对城市的改观、建筑功能的利用、社会需求的价值提升有其独特的意境。并充分从挖取的角度对原建筑的再利起到了典范的案例作用。

B 环境风格 Creativity & Aesthetics

充分保留原建筑旧厂房建筑构架，在环境风格上新旧融合。形成独特的建筑环境风格效果。最终满足现代办公的功能需求。

C 空间布局 Space Planning

尊重原建筑基本结构，合理利用空间。从布局上形成一个崭新的使用空间。

D 设计选材 Materials & Cost Effectiveness

设计选用原本的简易材料、废旧材料，通过材料与材料之间的合理搭配，加上灯光的烘托，形成建筑室内的一个创新空间。

E 使用效果 Fidelity to Client

投入运营后受到社会各界使用者的好评，经济效益迅速提升，也受到了行业的好评！

项目名称_上海经纬700
主案设计_王传顺
项目地点_上海
项目面积_6300平方米
投资金额_1000万元

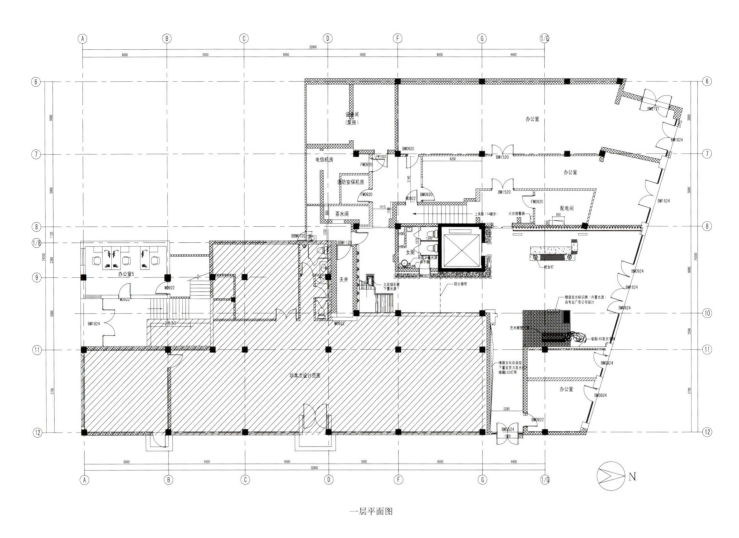

一层平面图

参评机构名／设计师名：
王评 Wang Ping
简介：
毕业于现西南大学美术学院设计专业并曾留校任教。以不断学习提升为己任，游学多国。获意大利米兰理工大学室内设计硕士学位及法国巴黎CNAM大学项目管理硕士学位。具系统的室内设计专业知识，对东西方文化有深入独到的理解。富多年设计实践及管理经验，在工程及家具的设计和工艺方面深有积累。

王评设计公司办公楼
Wangping Design Co.ltd.Office Building

A 项目定位 Design Proposition
用环保、再生、可持续发展的观念设计现代时尚办公空间，研究城市与农村有机结合、和谐共生的新业态，保护环境、探索解决城市闲置空间及废旧材料再设计再利用问题。对空间的多向度利用，让资源利用最大化，为城市生活食品提供一种解决方案。

B 环境风格 Creativity & Aesthetics
以几何解构手法，简单再生的材料(中纤板、水泥)，以接近自然的色彩、材质表现一个时尚有机的慢生活设计办公空间。

C 空间布局 Space Planning
根据原有建筑结构，对空间按功能进行分区，用不同的物料或颜色等对空间进行重新划分。改善原有空间狭长分散的问题。用"功能盒子"打断原有狭长空间，在大办公区以中式建筑四合院的空间概念进行布局，使原有方形空间动线丰富优美而流畅。

D 设计选材 Materials & Cost Effectiveness
选材环保、再生，遵循可持续发展的理念。基本选用的都是废料和普通的再生材料。而且就地取材，避免长途运输。

E 使用效果 Fidelity to Client
本项目在多个场合演讲引起强烈反响，并获2012年CIID"学会奖"银奖，有多个大型房地产集团，如万科、奥园、中信、中粮等前往参观学习。

项目名称_王评设计公司办公楼
主案设计_王评
项目地点_广东东莞市
项目面积_1000平方米
投资金额_150万元

一层平面图

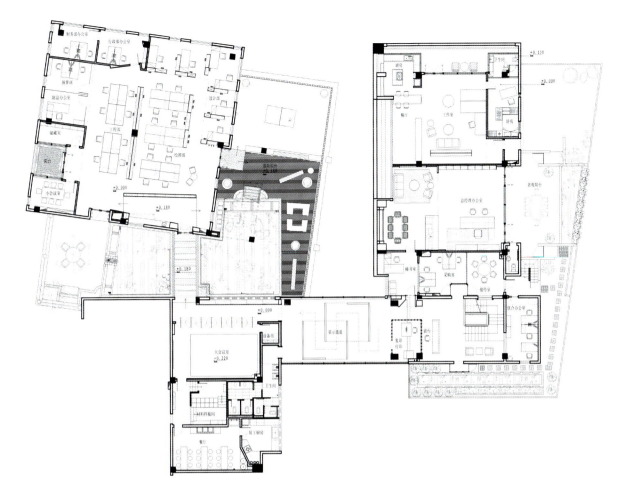

二层平面图

参评机构名/设计师名:
深圳市于强环境艺术设计有限公司/
Yuqiang & Partners Interior Design
简介:
1999年于强创办公司,定位为"室内设计师事务所",成为优秀室内设计师共同工作的平台,通过信息互动带动设计观念的不断进步,使团队保持先进的、国际化的视野与设计活力。

近期荣誉:2008年中国最强室内设计企业评选:荣获年度中国最具价值的室内设计企业十强,荣获年度中国最佳商业空间设计企业十强;2008年APIDA第十六届亚太区室内设计大奖荣获商业展示类荣誉奖;APIDA第十六届亚太区室内设计大奖荣获示范单位类荣誉奖。2008年中国国际室内设计双年展荣获金奖;2008年深圳室内设计年度奖;获"2008年度

最佳室内设计公司"荣誉称号。2008年中国室内设计大奖赛荣获商业工程类三等奖;中国室内设计大奖赛荣获别墅类三等奖。2008年第四届海峡两岸四地室内设计大赛荣获住宅工程类银奖。第四届海峡两岸四地室内设计大赛荣获公共建筑工程类铜奖。2009年第六届中国文化产业新年国际论坛:获"三十年30人中国室内设计推动人物"荣誉称号。2010年APIDA第十八届亚太区室内设计大奖荣获样板空间类铜奖。2010年度ANDREW MARTIN室内设计大奖年鉴。2011年度国际空间设计大奖 艾特奖 最佳展示空间设计提名奖。

YuQiang & Partners
于強室內設計師事務所

赫美拉（香港）国际美学集团办公室
HEMERA (HK) Intl. Aesthetics Group Office

A 项目定位 Design Proposition
区别于传统的办公空间,将光线、自然、生活的元素有效的融入钢混结构的办公环境。

B 环境风格 Creativity & Aesthetics
绿植不仅仅是装饰元素,同时作为空间功能分区的软界面,消除了强硬的空间边界关系,将自然之景延伸室内,形成生态化办公空间。

C 空间布局 Space Planning
以"自然光"为主题,巧妙处理开放空间与私密空间的光线需求。

D 设计选材 Materials & Cost Effectiveness
以大面积磨砂玻璃来界定空间,内置灯光,营造自然光效果,使两种性质的空间最大限度"共享"自然光。

E 使用效果 Fidelity to Client
很好的完成了客户的设计要求,客户使用非常舒适。

项目名称_赫美拉（香港）国际美学集团办公室
主案设计_于强
项目地点_广东深圳市
项目面积_108平方米
投资金额_99万元

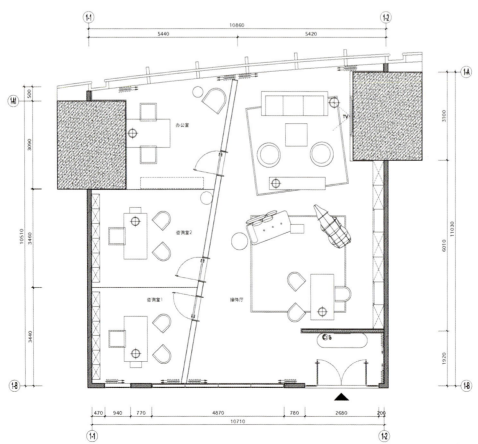

平面图

参评机构名/设计师名：
苏州市平江区浮尘设计工作室/
Fuchen Design Studio
简介：
浮尘设计工作室由中国十大酒店设计师，美国iau建筑与室内设计硕士，iaid最具影响力中青年设计师 万浮尘先生主持。工作室拥有一支较高水平的设计师团队，长期致力于酒店、办公、会所、娱乐等大型公共空间的调研与设计工作，作品曾获各类国际大奖。
奖项殊荣：主持上海锦沧文华大酒店客房改造工程五星级荣获，国际IFI大奖；主持苏州远大企业办公楼设计荣获 中国CIID佳作大奖；设计浮尘设计工作室家具荣获亚太双年家具设计大奖；主持苏州美缀时展厅设计，荣获中国CIID学会奖；主持苏州恒龙浮尘设计工作室，荣获中国CIID学会奖等。

浮尘设计工作室
Fuchen Design Studio

A 项目定位 Design Proposition
将其打造一个具有视觉冲击感及办公，会务，茶歇于一体的互动交流且不失多元化的创意空间。

B 环境风格 Creativity & Aesthetics
风格上将民族底蕴与现代时尚相结合。

C 空间布局 Space Planning
大型白色旋转楼梯踏步设计是此空间的设计亮点，简洁流畅的线条，犹如一把打开的折扇。不仅给人一种视觉的享受，同时也扩展了空间的视觉冲击力。

D 设计选材 Materials & Cost Effectiveness
本着.提倡低碳，环保，节能及再利用的设计理念。主要材料以H钢板，旧木板，老旧的明代家具，枯树，鸟笼等将一个老厂房改造成一个现代富有创意性的办公空间。

E 使用效果 Fidelity to Client
办公空间投入运营后，强有力的视觉冲击对外来参观者留下极为深刻的印象，吸引了不少慕名而来的客户。

项目名称_浮尘设计工作室
主案设计_万浮尘
参与设计师_马佳华、唐海航
项目地点_江苏苏州市
项目面积_500平方米
投资金额_120万元

参评机构名/设计师名:
深圳市姜峰室内设计有限公司/
Jiang & Associates Interior Design CO.,LTD
简介:
深圳市姜峰室内设计有限公司，简称J&A
姜峰设计公司，是由荣获国务院特殊津贴
专家、教授级高级建筑师姜峰及其合伙人
于1999年共同创立。目前J&A下属有J&A

室内设计（深圳）公司、J&A室内设计（上
海）公司、J&A室内设计（北京）公司、
J&A室内设计（大连）公司、J&A酒店设计
顾问公司、J&A商业设计顾问公司、BPS机
电顾问公司。现有来自不同文化和学术背景
的设计人员三百五十余名，是中国规模最
大、综合实力最强的室内设计公司之一。
J&A是早期拥有国家甲级设计资质的专业设计

公司，其率先获得ISO9000质量体系认证，是深圳市重点文化企业。
因其在设计行业的突出成就，连续六年七次荣获"年度最具影响力
设计团队奖"的殊荣，并在国内外屡获大奖，得到了中国建筑装饰领
域高度的认同和赞扬。J&A一直致力于为中国城市化发展提供从建筑
环境设计到室内空间设计的全程化、一体化和专业化的解决方案。追
求作品在功能、技术和艺术上的完美结合，注重作品带给客户的价值
感和增值效应，通过与客户的良好合作，最终实现公司价值。

深圳中海投资管理有限公司
China Overseas Investment Company Office Building

A 项目定位 Design Proposition
建筑设计坚持绿色生态化办公的理念，设计构思充分考虑了用户使用的灵活性及功能便利性。设计独特之
处在于很好融合了时尚科技、中式文化、自然生态这几个看似并无关联的设计理念。

B 环境风格 Creativity & Aesthetics
在设计初期，业主提出中海投资作为国有企业，希望新的总部办公室体现现代简洁，稳重大气为空间形象。
所以我们确定以"禅意东方"为设计主线，创造出一个宁静致远的办公环境。

C 空间布局 Space Planning
空间动线严谨、简化，能在使用中提高效率，使团队之间便于沟通。接待前厅空间大气稳重，强调形式的
对称协调。斜面凹凸的深灰色石材背景墙展现一种特殊的空间质感。磨砂透光的艺术玻璃强调对光线的引
入及空间的通透性。映入前厅的生态鱼缸，起到点睛之效。大会议室开敞式旋转门设计，新颖独特追求空
间的通透性。旋转门结合开敞区艺术屏风使用水墨图案玻璃体现东方意境。董事长及经理办公室设计体现
功能，务实。形式稳重，讲究对称。

D 设计选材 Materials & Cost Effectiveness
空间选用现代水墨灰白以及深木色调贯穿整个空间，其间以不同色彩比例配比，各异的材质组合来诠释设
计意图。

项目名称_深圳中海投资管理有限公司
主案设计_袁晓云
项目地点_广东深圳市
项目面积_2000平方米
投资金额_500万元

E 使用效果 Fidelity to Client
在项目的设计中，用简约的手法表现大气的空间，同时在不经意间带出极具文化内涵的气质，加以小品及
照明的点缀将其融合，浑然天成。

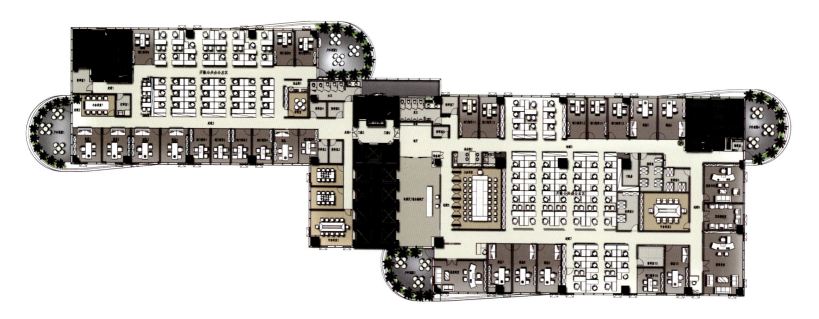

一层平面图

参评机构名/设计师名：
堂术设计/TUNGSHU DESIGN
简介：
堂术室内设计有限公司完成的案例包括地产
类、写字楼、私人住宅、私人会所、小型商业
空间等。
公司经营的理念是以客户的不同需求给与合适
的设计方案和满意的服务，认真完成每个客户

委托的案例，并全力控制设计工程中设计的关
键环节。

堂术
TUNGSHU
Interior Design & Decoration

堂术设计办公室
TUNGSHU Design Office

A 项目定位 Design Proposition

本案设计崇尚自然主义，向往简单质朴的生活，在生活中不断探索、思考，意想将生活和自然完美的融合，感受自然主义带来的快乐。

B 环境风格 Creativity & Aesthetics

本案设计灵感来自森林中的"木屋"，向往简单质朴的生活，崇尚自然主义，希望在繁华的闹市中感受到大自然的关怀。空间以极简的建筑设计手法，强化过道中单边木屋形象效果。错落不规则的窗户延伸空间的穿透感，展现建筑被日照过程中光影丰富的变化。木屋主体以最贴近自然的橡木材料包裹着，仿如体会自然的造化。步入木屋，置身于白色主调的办公区域，展现眼前的是设计故意独立的木屋——会议室，橡木组合的外观在空间中更为凸显，呈现空间中的穿越感。结合空间建筑错落关系划分出办公区与储物区，有效的功能建筑实现虚实交错无边界的办公布局。树形演化的金属灯具以及质朴的实木长台延续出生活细节，体现主人对完美生活的执着。空间的各区域都最大化吸收自然光线和引入景观视野。

C 空间布局 Space Planning

空间中虚实交错的穿越感，实现不定律功能划分，展现自由轻松无边界的办公布局。

D 设计选材 Materials & Cost Effectiveness

呈现橡木实木质朴的自然原貌，白色明亮的涂料散发阳光的气息，时间流淌的浅灰色水泥地面，更好地表现生活中空间岁月痕迹。

E 使用效果 Fidelity to Client

营造自然愉悦的办公气氛是我们本质的要求。通过对空间的塑造，让我们对工作的态度更加正面，增加工作效益。

项目名称_堂术设计办公室
主案设计_范锦铬
参与设计师_林敏玲、陈奕林
项目地点_广东深圳市
项目面积_165平方米
投资金额_80万元

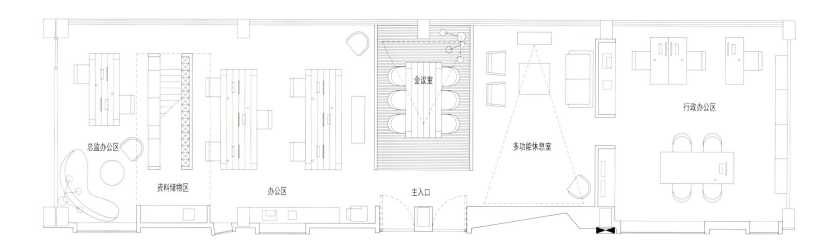

一层平面图

参评机构名/设计师名：
杭州百乐建筑设计有限公司/
Hangzhou Baile Architecture Design Co.,Ltd
简介：
主案设计王百乐毕业于浙江建筑工程学校并保送到沈阳建筑大学。
曾任浙江工业大学建筑学院外聘讲师，受聘期间深得学校师生喜爱，被评为"最受学生喜爱老师"之一。
6年来先后创建杭州索易投资管理有限公司和杭州索易建筑设计有限公司，自创建以来，潜心积累，持续创新，并整合各方优势资源，设身处地为客户提供解决之道。由于成绩突出，被保荐担任浙江广厦建筑设计研究有限公司总经理。
设计规划项目140余宗，其中包括武林门地铁上盖物业30万方城市综合体的概念规划设计第一名，在温州等地设计的多宗房地产开发项目也得到世界华人建筑师协会的优秀设计奖。
所获奖项：世界华人建筑师协会颁发"住宅与住区生态住宅设计奖"、2012年度杭州白马湖生态创意城先进企业。
成功案例：杭州滨江风情苑居住区、武林路277皇后公园、上海嘉定区嘉宝片林菊园段菊园1508总体规划设计、凯旋支路整体改造等等。

杭州白马湖农居变SOHO

Hangzhou WhiteHorse Lake-Farmers House Into A Creative SOHO

A 项目定位 Design Proposition

2008年杭州市市委市政府决定运用一种超乎寻常的方式、方法尝试通过对农居的改造实现对农村的产业升级，移花接木利用创意者的思维和生活态来改造农居让其发挥可以生活居住两全的 SOHO模式。这种探索的模式在整个中国范围内没有出现过，而这种方式也改变了办公空间的一种可能性。

B 环境风格 Creativity & Aesthetics

30年的人们的传统农居，赋予办公的概念，定位本身就形成了一种混搭，而这正是作品最大的创意。在这里实现作品不能只是像现在大部分传统的室内设计师考虑室内的立面如何设计，这种思维在这里只构成一个点。我们需要漂亮的景观，合适的建筑立面，具有精神的内部空间，以及她们之间和山水、时间沉淀下的历史的对话。

C 空间布局 Space Planning

改造为明亮舒适富有创意空间的办公室，容纳30人以内的会议室，具有一定格局气场的接待室，丰富创意大空间的展示厅，舒适明亮私密的卫生间，大气有品位的公共空间，有趣休闲轻松的室内休闲空间和室外休闲空间，而这些空间都必需与自然山水相联系相呼应，与时间沉淀下的历史相对话。

项目名称_杭州白马湖农居变SOHO
主案设计_王百乐
参与设计师_杜鹏程、董鸿志
项目地点_浙江杭州市
项目面积_1670平方米
投资金额_400万元

D 设计选材 Materials & Cost Effectiveness

传统材料：木头，涂料；现代材料：钢，玻璃；环保材料：欧松板。

E 使用效果 Fidelity to Client

园区现已成为杭州建筑美学和城市美学示范区、国家级文化创意产业园区、白马湖旅游休闲度假区、和谐创业示范区。

参评机构名/设计师名：
陈轩明 Arthur Chan
简介：
作品于世界各城市的建筑室内设计杂志书刊上刊登，包括英国、意大利、新加坡、马来西亚、澳洲、中国及香港，并入选"澳洲的全球1000建筑师"。
于1995年在香港成立设计公司，并于北京及上海设有办事处，旅居北京、香港，现为澳洲墨尔本理工大学艺术博士生。

甲骨文(中国)软件系统有限公司
Oracle (China) Software Systems Co.,Ltd. New Building

A 项目定位 Design Proposition
在庞大的体系下，沟通就显得尤其重要。沟通是现今新办公室最重要的组织方位。

B 环境风格 Creativity & Aesthetics
整体清新自然。借鉴欧式古典传统造型的柱廊来体现整个建筑的传统信息，同时使用具有现代气息的玻璃幕墙，达到融传统与现代、集古典与高科技于一身的时代特色。庭院把研发中心像三明治一样分成了2幢楼。整体少了一些厚重感，显得苗条和优雅。花园围绕着每幢大楼，室内采光很好。充分利用现有基地自然环境，建筑布置成对称模式，通过主轴路和中心庭园将地上两部分有机联系在一起，并合理组织车流及人流。

C 空间布局 Space Planning
功能划分明确。地下一层设汽车库、厨房、健身房及其它辅助用房；首层设有大堂、餐厅、会议室、产品演示及办公；餐厅位于用地北侧，通过玻璃连廊与大堂相连；会议室位于办公楼的南侧和中心庭院一侧，有效的利用周围园林景观及水景，达到借景于中、情景交融的完美境界。地上二、三层主要功能为办公，可容纳1700员工的办公室。亦充分利用了建筑四周的绿化景观，做到了宁静舒适的自然办公环境。

项目名称_甲骨文(中国)软件系统有限公司
主案设计_陈轩明
参与设计师_湛永佳、齐娜
项目地点_北京
项目面积_30000平方米
投资金额_18000万元

D 设计选材 Materials & Cost Effectiveness
建筑造型借鉴传统造型的柱廊体现整个建筑的传统信息，并通过具有现代气息的玻璃幕墙，达到融传统与现代、集古典与高科技于一身的时代特色。 这3层建筑用高耸的铝板连接。连接每层的室内楼梯把每层变成了一个前庭。隐秘的光线和米色的地砖，整个前庭呈现出高雅现代的形象。

E 使用效果 Fidelity to Client
业主对装修效果、设备性能、环保、安全、工期控制等给予了充分的肯定和赞许，已成长久合作伙伴。

参评机构名／设计师名：
肖艳辉 Xiao Yanhui
简介：
2004年荣获全国百名优秀室内建筑师；
2008年荣获全国建筑工程装饰奖优秀设计师；
中国建筑学会（十五）专业委员会副主任；
河南省建筑装饰设计商会副会长；
龙门博物馆设计总监。

建祥装饰公司
JianXiang Decoration Company

A 项目定位 Design Proposition
1.利用原有的空间结构形式延续出具有时尚感的现代办公空间；2.利用废弃的边材，构筑出环保低廉的工程造价。

B 环境风格 Creativity & Aesthetics
1.将现代装饰艺术的思维用于空间的塑造；2.用原始低廉的材料，从新结构出新颖的表现形式。

C 空间布局 Space Planning
1.强调了新增平面空间与原有结构的和谐统一；2.在立面的空间结构上进行了灵动地穿插。

D 设计选材 Materials & Cost Effectiveness
1.用废弃的老木皮进行新的切割和拼合；2.利用传统的砌砖工艺进行了现代形式的表现；3.利用所剩的边角废料，构筑了一系列的空间雕塑。

E 使用效果 Fidelity to Client
1.强化了公司个性化的艺术表现；2.充分体现了绿色环保的经营理念。

项目名称_建祥装饰公司
主案设计_肖艳辉
参与设计师_朱建斌
项目地点_河南郑州市
项目面积_1200平方米
投资金额_75万元

参评机构名/设计师名：
黄永才 Ray
简介：
2009-2010，文宴饮食集团天河餐厅旗舰店（广州）设计 主案设计；
2010-2011，粤豪国际酒店（广州）建筑外观及室内设计 总策划兼主案设计，仕其商贸有限公司（台湾、香港）广州办公总部 主案设计之一；
2011-2012，广东新丰中心酒店建筑规划及室内设计（进行中）总策划兼主案设计，刚艺红木艺术体验馆（顺德）建筑及内室设计（在建中）总策划兼主案设计 之一；
2011-2012，善哲服饰展厅（广州）室内设计 主案设计；
2013至今，得康休闲会所（广州）室内设计
主案设计，佛山桂丹颐景园A区商业广场设计（进行中）总策划兼主案设计。

广州仕其商贸有限公司
SamLee's Office

A 项目定位 Design Proposition
去繁从简的东方美学工作方式，符合高速发展的城市消费模式，在信息高度运转的当下社会，本案诠释了城市群体与工作互动以及个体间的关系：动与静，透明叠加，渗透留白的暧昧关系。

B 环境风格 Creativity & Aesthetics
本案是从城市新陈代谢的极简主义引申的结果，其核心的"动线"如蜿蜒的河流，人"流淌"于动线正契合"起，承，转，合"之东方美学。曲折蜿蜒的动线贯穿整个功能与形式，其余部分"留白"，折线与三角形的透明，叠加，渗透模糊了空间界限关系，与人流动的时间形成四维上的对话成二元辩证关系。

C 空间布局 Space Planning
本案在空间布局上其核心是贯穿原建筑三个单位的动线，把公共空间，敞开办公室区域到半封闭的办公空间有机组合一起，打破原有的呆板空间布局。由动至静，人随之动线与立面折线的叠加移动过程中形成空间的暧昧性，故事性。

D 设计选材 Materials & Cost Effectiveness
本案采取环保再生建材：水曲柳木饰面板，木地板，超白玻，不锈沙钢。

E 使用效果 Fidelity to Client
本案得到业主的高度肯定，特别是在灯光舒适度以及收纳使用上带来便利。

项目名称_广州仕其商贸有限公司
主案设计_黄永才
参与设计师_蔡立东、DANNY
项目地点_广东广州市
项目面积_420平方米
投资金额_100万元

参评机构名/设计师名:
CROX阔合国际有限公司/
Crox International Co.,Ltd.
简介:
所获奖项：2012国际传媒奖年度精英会所大奖、2011国际传媒奖年度精英设计师大奖、2011海峡两岸室内设计奖商业空间、2011金外滩奖最佳商业空间、2011艾特奖最佳商

业空间、2009Artemide台湾旗舰店荣获TID Award商业空间类大奖、2009台湾室内设计大奖 TID Award展览空间作品、2009Asia Pacific Interior Design Awards 展览空间类作品。
成功案例：2013义乌幸福里、2012 杭州一味坊会所、2011武汉畅想会所、2010上海LA LE 拉雷 红酒吧、2009Artemide 台北旗舰概念

店、2008La Vie不设计不生活展览。

阔合
WWW.CROX.COM.TW

费尔的王子美好大舞台
Fiona's Prince HQ Office

A 项目定位 Design Proposition
费尔王子的品牌创办人Fiona，敬仰上海的海派成就，希望在此打造富有童趣的企业办公室，建筑师能透过独特的手法，把办公室与场域，以前卫自然风格巧妙结合起来。

B 环境风格 Creativity & Aesthetics
在亚洲大厦内做到一个有新意的空间并不容易，因为大楼本身老旧的条件限制了空间布局上的种种自由，费尔王子儿童鞋品牌理念，是把童鞋看待是种礼物，让打开鞋盒如同打开礼盒的喜悦，因此在空间概念上，延序礼盒的想象，最终汇集了三点要求：惊喜、简单、可爱。

C 空间布局 Space Planning
在空间布局上，先在南面放入象征大礼盒的会议室，并适当延伸出如舞台般的展厅，巧妙结合展示会议与接待等多重功能的使用形式，展厅与会议室间以移动旋转木门去区分空间，满足渴望灵活的开敞式需求，还可以有效进行独立的空间分割，展厅内棋盘式布局配合可任意变动的展台，而展厅除了做为品牌产品展示外更可配合会议的进行，完整独立的办公区域由电梯间左侧进入，接待区后方为休息吧台区。在接待区旁切了一角的大盒子内就是主要办公区间。

项目名称_费尔的王子美好大舞台
主案设计_林琼然
参与设计师_李本涛、何山
项目地点_上海
项目面积_500平方米
投资金额_80万元

D 设计选材 Materials & Cost Effectiveness
整体的色调以简单的纯白与自然的木质感为基准，并混合代表温暖的橘色。展厅特别以澳松板与白色瓷砖交织出的棋盘地面，配合展台而有了延伸与开创性的感受。在选材更是十分重视绿色环保，整个空间以无污染的建材为主，如竹木地板、澳松板、无毒涂料等。

E 使用效果 Fidelity to Client
除了专属空间的体贴设计，可以保持管理者上的弹性，也让适当的分区，而达工作上的高效需求，进一步达到节约能源的使用。

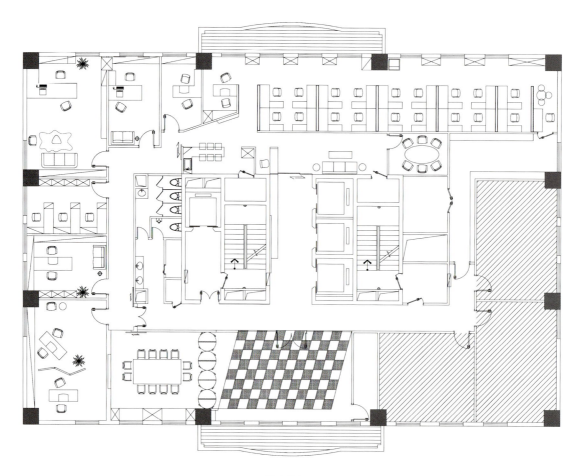

一层平面图

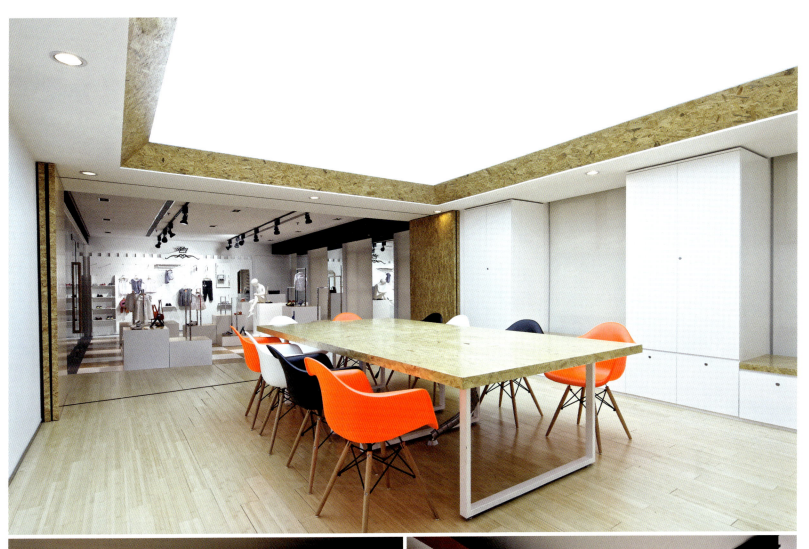

参评机构名/设计师名：
北京艾迪尔建筑装饰工程有限公司/
Ideal Design&Construction Co.,Ltd.
简介：
艾迪尔建筑装饰工程有限公司成立于1995年，擅长商务办公空间和商业地产空间的设计和工程营建，拥有建筑装饰设计与施工双壹级资质和大量荣誉及业绩。公司在北京和上海拥有专业技术人员一百二十余名，形成了高效务实、勤勉敬业的国际化团队。我们为众多的世界500强集团和国内知名企业提供了完整专业的设计工程服务，业绩遍布国内大中城市，并获得广泛赞誉。近年来艾迪尔进一步开拓设计的全方位整体服务，从早期的规划建筑设计服务一直到后期的软装配饰服务，在整体设计和专项施工方面取得了辉煌的业绩，拥有了大量精彩案例。同时，公司在绿色设计方面颇具造诣，作品屡获国际国内各项大奖及美国环保认证。艾迪尔人始终秉承可持续的设计建造理念，我们从更高视角审视设计对人类生存环境的影响，并以发展的眼光服务于企业和社会。

丰田汽车（中国）–中海广场
TMCI-China Overseas Plaza

A 项目定位 Design Proposition

本案位于北京CBD商圈中海广场南楼18-25层。丰田通过人事管理和文化教育提高员工的积极性，产品更加体现环保节能，更能给人舒适感受，通过全球化的创造性经营努力实现与社会的协调发展。

B 环境风格 Creativity & Aesthetics

作为国际汽车生产制造行业巨头，丰田着眼于全球战略，更加注重对现代、技术、细节、生态、绿色、及人文感受几方面的探究和发展。新办公室的设计中着重体现出了以上主题。

C 空间布局 Space Planning

新办公室的7层中，20层作为主要接待层，承担对外接待、展示及会议中心的功能。前厅接待区整体采用白色调，自由折体造型语言贯穿天花、墙面和家具的形态。在前区自然划分出了接待区、等候区、应接区、展示区和茶水洽谈区。这种自由、流体的开放空间分割形式营造出动感、科技的空间氛围。

D 设计选材 Materials & Cost Effectiveness

具有自动感应灌溉系统的绿植墙面给整个空间带来了清新绿意，传达出丰田绿色环保和可持续发展的核心发展理念。

E 使用效果 Fidelity to Client

在22-25层的南侧，建筑留出了一处通高观景室内露台。我们引入了屋顶花园的主题，树木、草坪、户外藤椅家具一应俱全，是一处有别于办公空间，集休闲洽谈、放松、散步的综合绿化空间，无疑给丰田整个多楼层办公区带来了空间上的惊喜。

项目名称_丰田汽车（中国）-中海广场
主案设计_罗劲
参与设计师_张晓亮、陈振涛
项目地点_北京
项目面积_12000平方米
投资金额_1800万元

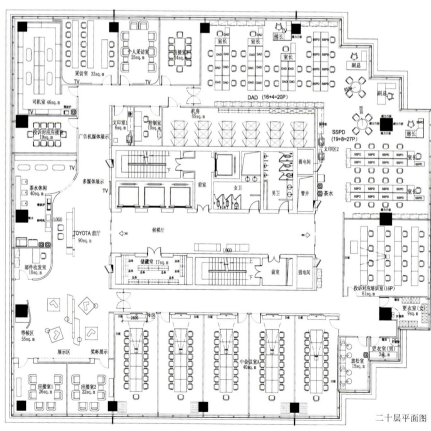

二十层平面图

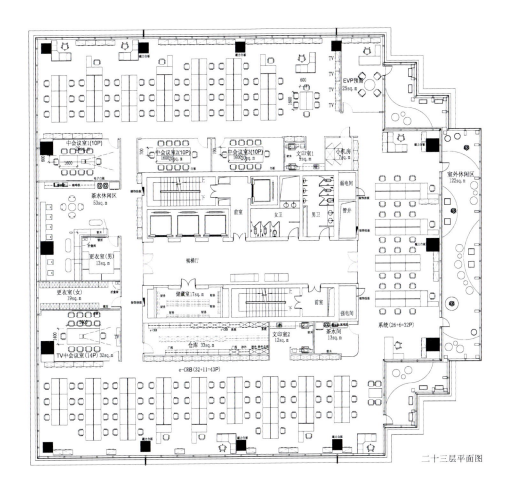

二十三层平面图

参评机构名／设计师名:
李雷夫 LF Lee

简介:
建方博思设计事务所创始人，设计总监。擅于商业空间整体策划设计，秉承"运用之妙，在乎一心"的设计态度为社会各届提供优质设计服务。

所获奖项: 2010金堂奖"酒店空间、餐饮空间"年度优秀设计作品; 2013"超越·刷新"中国室内设计作品征集活动: 秀色可居--最佳创意奖。

破土新生–JZ NEW OFFICE
REBORN - JZ New Office

A 项目定位 Design Proposition

从企业由小到大、从弱到强的发展经历，联想到了树木的生长:从种子落地、发芽出土、生根至茁壮成材的过程，由此萌生了"破土新生"这个概念，借此表达"除旧、立新、再成长"的寓意。

B 环境风格 Creativity & Aesthetics

以人文关怀和包容的态度为出发点，在空间中心位置划分为以交流为主要考量的多功能区，其余各功能区环列周围，彼此相对独立之余又互有关联。"树洞"形式的多功能区颜色鲜艳，灯光柔和，营造出舒适放松的氛围。

C 空间布局 Space Planning

在紧凑的空间里，大胆舍弃了惯常的接待前台而采用开放前厅的形式，不拘一格，传达了企业兼容并蓄的包容态度。前厅形象墙与多功能区无缝连接，形成的流畅表面围合后，抽象地表达了树干的概念。因半围合处理而被抽象为"树洞"的多功能区，兼具了实用与需求的多变性，大面积绿色的运用给整体气氛带来鲜明的活力，体现了企业的亲和力和人性化，也表达了企业多元、温和的包容性。

D 设计选材 Materials & Cost Effectiveness

用"水泥色地砖、碎剪马赛克、木夹板条拼接间墙、抽象绿叶吊饰"等普通平常的材料，来分别代表"泥土、种子、树干、枝叶"，抽象的表现从小小的一颗种子，落入泥土中，孕育、发芽、成长，枝繁叶茂，生生不息的过程，表达企业不断进取和蓬勃发展的生命活力，亦希望企业像枝叶繁茂的大树一样，在多方面能有更好的发展与收获。

E 使用效果 Fidelity to Client

半围合的"树洞"是工作之余最让人流连的地方。可以窝在沙发里，喝杯咖啡，舒缓工作中紧张的压力;也可以在一整面墙的大书架上选本书，静心阅读，吸取再进步的力量。

项目名称_破土新生-JZ NEW OFFICE
主案设计_李雷夫
参与设计师_林培
项目地点_广东佛山市
项目面积_200平方米
投资金额_20万元

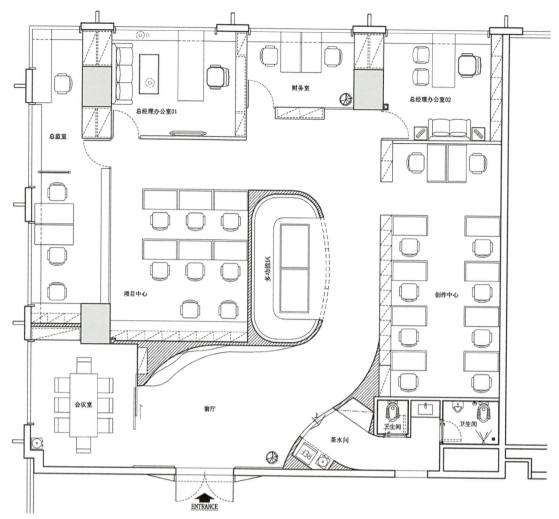

一层平面图

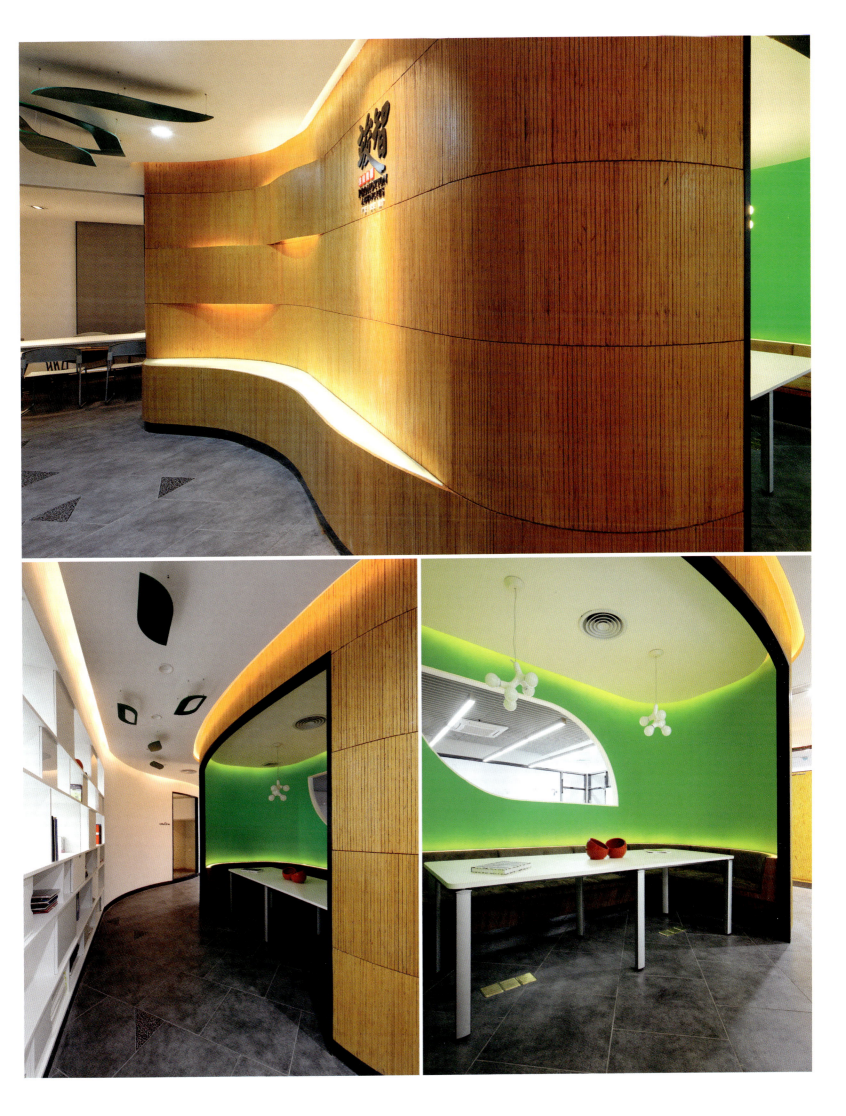

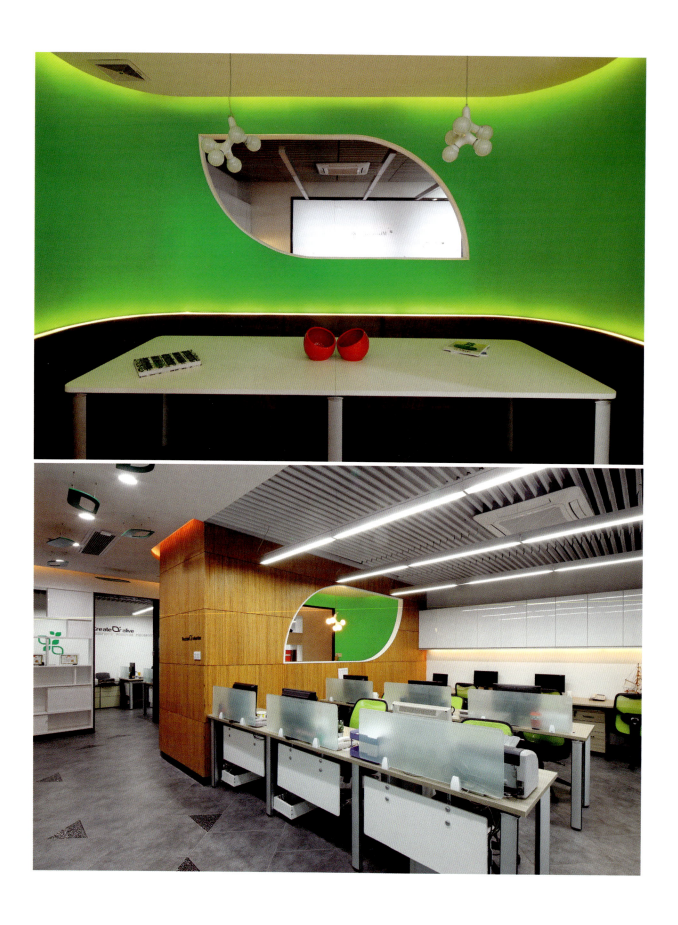